幼犬养成记

图解新生狗狗养育宝典

[日]爱犬之友编辑部 编著

牛莹莹 译

世界图书出版公司

上海·西安·北京·广州

今天对幼犬来说又是个好天。

健康茁壮地成长就是你们的工作。

请一定要多吃饭、多喝水、多睡觉。

我们一起元气满满、开心地生活下去吧！

目 录

第1章 即将启程的幼犬生活

第2章 平安度过每个季节和月份

第3章 如何陪伴1岁以内的幼犬

第4章 和幼犬一起更加快乐地玩耍

第5章 聪明地养育幼犬

第6章 令人担心的幼犬疾病

第1章

即将启程的幼犬生活

您和幼犬的共同生活即将开始。

参照和幼犬生活的第一年全年计划，

来了解一下"幼犬的基本常识"吧。

快乐时光马上就要开始啦！

幼犬性格诊断测试

我们先来测试一下爱犬的性格吧！

请从幼犬成年后的标准体重开始。

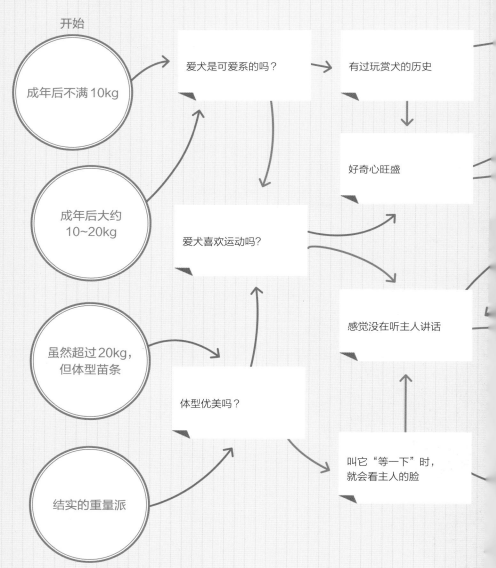

是
否

开始

成年后不满10kg

成年后大约
10~20kg

虽然超过20kg，
但体型苗条

结实的重量派

爱犬是可爱系的吗？

爱犬喜欢运动吗？

体型优美吗？

有过玩赏犬的历史

好奇心旺盛

感觉没在听主人讲话

叫它"等一下"时，
就会看主人的脸

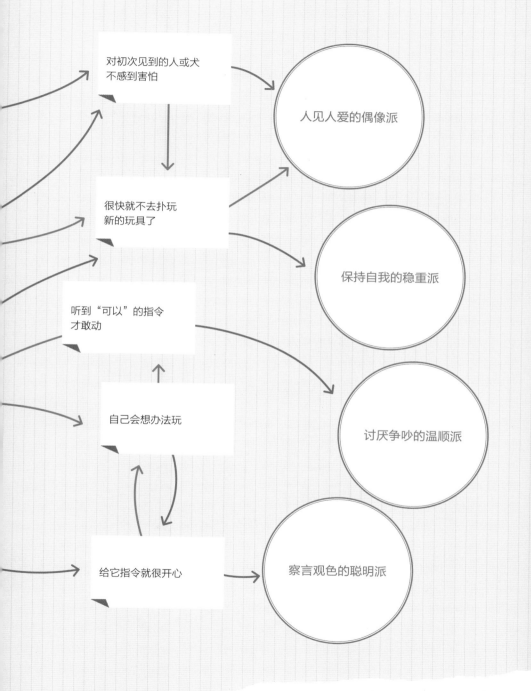

人见人爱的偶像派

它们对初次见面的人或犬都很友好。因为不怕生，所以必然会成为家附近的人气犬，拥有成为街道明星的性格。对主人来说没有比这更好的性格了。但仍有一件事要引起重视，即"盗狗"。正因为幼犬十分可爱，所以有人会一时冲动想要抱它。戒备心强的幼犬会冲着想要抱走它的人叫，但偶像派幼犬只会对着人微笑。所以，绝对不要把这种类型的幼犬单独留在便利店门口哦。

保持自我的稳重派

它们不管处于何种状况都能保持自我。在日本犬和警卫犬中比较常见，有时玩赏犬中也会出现这种性格的犬类。虽然感觉很难亲近，但一旦关系好了之后，就没有比它们更值得信赖的伙伴了。

与它们好好相处的秘诀就是"绝对不要出尔反尔"。比如，说了"去散步吧"又不去了，或者对平时总能得到奖赏的行为不给予奖励了等等，这些前后不一致的行为是绝对不能对它们做的。

讨厌争吵的温顺派

它们总的来说是稳健型的。最怕看到主人吵架或者心情不好。遇到这种时候，它们会想尽一切办法来安慰主人。理解它们的这种心情是和这类幼犬好好相处的方法。主人当然会有心情不好的时候，但为了这种类型的幼犬，一直以平和的心态跟它们相处尤为重要。主人的态度如果阴晴不定的话，幼犬会变得不知所措。

察言观色的聪明派

只要伸出手就能得到点心、为了得到好吃的饭菜就放着难吃的饭菜不吃、这个点上撒个娇的话主人就会带我去散步等等，这类机灵的幼犬似乎能根据主人的性格和行为模式来采取行动。养一只聪明犬对主人来说当然是件无比喜悦的事，但千万别陷入"被狗养着"的状态。越是和聪明的幼犬相处，主人越要变得比它更聪明。如果主人能早一步看出它们的行为模式，就可以很好地控制住它们。

出生啦！

♣喝着母乳茁壮成长的幼犬

刚出生的幼犬立即喝上母乳，就能从母体中获得身体需要的营养和生存所需的免疫力。想要幼犬获得强健的体魄，这个阶段用母乳喂养是比较理想的。

幼犬的第一年

幼犬的第一年转瞬即逝。
与此同时，主人需要做一大堆的事。
忙并快乐的日子就要开始咯。

只有出生56天以上的幼犬
才能被出售！

　　幼犬的交易根据《日本动物保护及管理法》第二节第二十二条之五的规定如下（2015年7月至今）：

　　"出售猫犬类的从业者（仅限于让猫犬繁殖以供出售的人），不得出售或者为了出售而转移或展示出生56天以内的猫和犬。"

　　该法律考虑到了幼犬的健康和性格，所以从遵守该法律的场所购买幼犬也很重要。

第一次接种疫苗

第一次的疫苗一般在幼犬出生50天左右接种。接种日期会根据幼犬有没有喝过初乳而有所改变。这是关系到幼犬是否会患上威胁到生命的疾病的重要接种。

社会化阶段

♣开始摇摇晃晃行走的幼犬

过渡阶段的幼犬开始看得见东西，并能摇摇晃晃地走起路来。接触到大量新鲜事物的幼犬，好奇心逐渐旺盛起来。

大小便检查

对于5周以上周龄的幼犬，在稍稍适应了主人家的环境后，就带它们去宠物医院进行体检和大小便检查吧。部分幼犬会有从出生地带来的隐藏在肚子里的寄生虫。之后建议每年进行1~2的大小便检查。

♣你好，第9周的幼犬！

因为法律规定只能出售出生56天以上的幼犬，所以正式迎接幼犬的日子是从第9周开始的。你准备好和幼犬一起生活了吗？

- ·日常生活用品都准备好了吗？　→参考18页
- ·学过如何准备食物了吗？　→参考22页
- ·房间准备好了吗？　→参考24页

第二次接种疫苗

出生90天后进行第二次疫苗的接种。这个时期大部分人都把幼犬接回家养了吧。现在开始找一家方便常去就诊的宠物医院，到那里进行接种吧。

出发去散步咯！

第90天的接种结束后，幼犬终于长到可以自己散步了。接种完一周，尝试着带幼犬出门散步吧！

什么是"社会化期"？
→ 参考66页

♣社会化期就要结束咯！

对幼犬来说最重要的"社会化期"将在这里告一段落。在此阶段结束前，确认一下还有没有其他要做的事、能做的事，和爱犬一起认真面对吧。

91天以后的养犬登记办理

在日本，凡是家有出生超过91天的幼犬的主人，都有进行"养犬登记"的义务。所谓的"犬证"就是在这一阶段领取的。同时拿到的还有"免疫证明"以及贴在门口的"养犬标识"。

众所周知，人类和犬类计算年龄的方法不同。从出生到仅仅一岁半大，幼犬已经长到相当于人类成年那么大了（根据犬种不同会有差异）。这之后再过一年，它们已经相当于"奔四"的人了，是人们开始从身体各处感觉到年龄的时候了。就这样，爱犬要比我们先一步老去。

不过和以往相比，犬类的寿命普遍有所延长。打听一下，身边一定会有18岁以上的长寿犬吧。这跟食物和医学的进步有关，但更重要的原因是主人对爱犬的重视。

○爱犬相当于人的几岁？

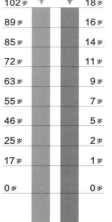

人	犬
102岁	18岁
89岁	16岁
85岁	14岁
72岁	11岁
63岁	9岁
55岁	7岁
46岁	5岁
25岁	2岁
17岁	1岁
0岁	0岁

※ 本图的数字是根据小型犬计算的简易数字，存在个体差别和不同大小的犬种的区别。

换牙

幼犬换牙根据犬种和成长状况会有所不同，但一般都在出生后4~5个月开始换牙。即28颗乳牙会换成42颗恒牙。有的成年犬会残留乳牙，这个情况需要跟兽医商量后决定是否拔除。

最后一次接种疫苗

终于迎来最后一次疫苗的接种了。虽然这么说，但并不意味着接种真正结束。为了维持身体的免疫力，今后最好每年接种一次疫苗。

关于接种疫苗的内容请参考20页。

狂犬疫苗打了吗？

出生91天以后的幼犬都有接种狂犬疫苗的义务。只有打过狂犬疫苗，才能领到"免疫证明"和"狗证"。

小小的反抗期？

这个时期的幼犬会有点儿叛逆。比如故意做错事，无视主人……再加上对它们进行的训练也会时不时失败，在这样的一个时期里，还是尽量以平常心对待它们，和它们一起闯过这一关吧。

您和1岁大爱犬的将来

手忙脚乱照顾幼犬的生活转瞬即逝，接下来将与爱犬共度10年以上。爱犬会记得所有在幼年时期学到的东西、经历的事情、高兴及悲伤的每一刻。为了将这段幼犬生活更好地继续下去，现在就开始全力以赴吧。

您和爱犬的生活终于正式启程了！

祝贺你1岁啦！！

| 第11到12个月 |

成熟期（性成熟以后）

脑袋

有的犬种在幼犬时期头盖骨还没有完全合上。要特别注意，当它们开始四处转悠的时候，不要被家具等东西撞了脑袋。

耳朵

耳朵凹凸不平的地方很容易藏污纳垢，放任不管的话容易得外耳炎等疾病。让我们帮它们勤做耳朵的清洁工作吧。

鼻子

湿润的鼻子是健康的象征。如果一整天都很干燥或者鼻涕直流的话就要引起重视了。顺便提一下，有时候早上刚醒来时鼻子也会干干的，这个不用担心。

嘴巴

犬类的牙齿虽然不容易蛀，但很容易堆积牙垢和长牙结石。所以从幼犬时期就要开始刷牙，帮它们清洁好口腔内的环境非常重要。

肉球

犬类无法通过汗水来调节体温，肉球是它们唯一会出汗的器官。因为肉球直接跟地面接触，所以要注意不要让它们受伤。

幼犬的身体

眼睛

眼睛部位需要注意的是异物及外伤。有的犬种比如"西施犬"和"巴哥犬"的眼睛就很容易受伤，一定要注意保护。

尾巴

犬类用摇尾巴来表达感情，这已经是众所周知的事了。通过尾巴的不同摇法，可以了解到它们的情绪。

臀部（肛门）

这是排便的器官。毛长的话容易沾上粪便，所以一定要保持清洁哦。

四肢

称为前肢和后肢。四肢承担着支撑身体的大任，一定要认真学习四肢容易得关节炎等疾病的知识，以避免它们患上此类疾病。

脚趾

一般来说前肢上有5个脚趾，后肢上有4个脚趾。前肢上还有相当于人类大拇指的狼趾，这里也会长指甲。为了防止指甲过长，定期修剪很有必要。

※ 根据犬种和血统的不同，脚趾数量会有差异。

日常用品

航空箱

作为卧室、安全场所和移动工具，航空箱对幼犬来说是必备品。也许您认为关在箱子里的幼犬很可怜，但如果任由它们在房间里自由玩耍的话，它们会很容易受伤，所以考虑到安全因素，航空箱还是很重要的。

项圈和狗绳

带幼犬出门散步前将项圈和狗绳备齐比较方便。在房间里让它们带着习惯一下会更好。大小和长度根据幼犬的发育状况进行挑选即可。

食物

一开始请准备好吃的食物，和幼犬在出生地（宠物商店、养殖所等）吃的一样。因为突然改变食物种类的话，很容易弄坏幼犬的肚子，一定要注意。

厕所用纸、坐便器

和爱犬共同生活的日子里，厕所用纸和坐便器是必不可少的。为了方便如厕训练，准备一个围住坐便器的围栏就更好了。

餐盘

口浅一点、方便吃到食物、可以保持清洁的任何东西都可以用作幼犬的餐盘。使用市场上售卖的幼犬餐盘肯定没问题。每餐结束后都要记得好好清理哦。

安全围栏

有一个能将幼犬睡觉的地方
围起来的安全围栏会很方便。
特别是对于需要幼犬单独在
家的生活模式来说，这几乎
是必备的。在保护幼犬安全
方面会起到很大的作用。

饮水机

把宠物饮水机装在安全围
栏或狗屋里，可以让幼犬
随时都能喝到水。有了饮
水机之后，再也不用担心
幼犬会打翻装水的盆子了。

玩具

玩具对幼犬排解压力、运动、
玩耍、训练都有用。不需要
准备太多，常备几个喜欢的
就够了。

清洁用品

有了指甲剪、梳子、刷
毛器等工具，基本的清
洁都可以在家里完成。
趁着年龄还小，让幼犬
适应身体的接触，这对
健康管理非常重要。

■让我们顺手把房间也整理了吧■

和幼犬一起生活，除了准备这些
日常用品，房间的整理也很有必要。
有哪些幼犬会去啃食的东西？有哪些
容易让幼犬撞伤的东西？地板是不是
防滑的？有没有它们容易够到的有毒
物品？除了这些还有什么危险的地方
吗？让我们把房间整理成它们能够安
心生活的地方吧。

幼犬的预防接种

✂ 必须要进行预防接种

　　和幼犬开始共同生活的第一年里，最不能忘记的就是要规划好疫苗的接种。刚出生的幼犬自带"被动免疫"能力，使它们脆弱的身体得到保护。被动免疫指的是从狗妈妈的母乳中获取的、可以排除异物的抗体。这些抗体可以在幼犬出生后的一小段时间里产生免疫力。但被动免疫最长也只能发挥14周左右。在它失效前，需要给幼犬注射疫苗，以保护它们的身体。

✂ 预防接种的时机

　　进行预防接种的时机跟幼犬本身有关。"被动免疫"即将失效时就是进行预防接种的时机。所以这个时机会随着幼犬出生日期的改变而改变。

　　首先，在幼犬出生后8~9周（出生50天左右）时进行第一次接种。在第一次接种3~4周后、上一次疫苗效果即将结束前进行第二次接种。然后在出生后14~16周进行第三次接种。至此，幼犬时期的预防接种就全部完成了。从第二年开始，在最后一次接种的一年后进行定期接种即可。

　　最近听说有每三年进行一次预防接种的情况，但这基本上说的是国外的事情。在日本使用的疫苗原则上需要一年接种一次。具体情况请和兽医商量以后再进行接种。

✂ 究竟什么是疫苗？

　　疫苗接种的目的是在体内制造"抗体"。抗体担任着攻击体内病原菌的重要任务。为了制造出抗体，需要预先将无毒的（或者毒性降低了的）病原菌注射到动物体内。因为被注入体内的病原菌是弱化了的（或者无效力的）病原菌，所以基本上不会发挥不好的作用。不过随着它们被注入体内，身体记住了这种病原菌，并开始创造消灭它们的方法。能够战胜病魔的身体就这样被打造出来了。

×× 犬类疫苗的种类

通过研究，疫苗能够预防的疾病种类在不断增加。目前犬类疫苗分为 1~11 种。一般都会接种三联、五联这样能够预防多种疾病的联合疫苗。

目前，接种 5~7 种疫苗比较常见。根据居住的地域不同，疾病也会有所不同。所以最好跟兽医商量一下再决定接种哪些疫苗。

另外，狂犬疫苗跟联合疫苗不同，必须单独接种。这是法律规定的主人应尽的义务。

第二次预防接种过后 1 周左右，就可以带我出去散步了哟！

幼犬的饮食

对幼犬的成长来说，最基本的事就是吃饭了。吃出健康的身体就是它们最重要的工作。自然，管理它们饮食的主人起到了重要作用。吃饭的次数和量，需要根据幼犬体型的大小来把握。饮食管理是只有主人才能完成的重要任务哦。

✂ 幼犬吃饭的次数

通常，成年犬一日两餐，这在次数和量上来说都足够了。但对幼犬来说，需要分3~4次来喂。幼犬的身体发育很快，因此吸收、消化、排泄的循环也比成年犬快。为了配合这个循环系统，一天喂3次以上为大致的标准。

犬类随着成长，身体的发育速度也会放缓，此时需要减少喂食次数。大致来说，6个月大以后可以减到一日2次，再往后即使成年了也是一日2次。其他根据体重和健康状况来调节喂食的量和次数就行了。

✂ 关于幼犬的食物

幼犬的食物是它一生中营养最丰富的食物。幼犬因为在这一年里迅速成长，所以它们比成年犬和老年犬需要更多的营养成分。尤其是不到6个月的幼犬，身体的大小和体重都在以惊人的速度成长发育。在这样的发育早期，如果不给足食物的话，就会给它们造成营养不良，阻碍骨骼和肌肉的发育。因此，幼犬吃的食物要比成年犬的热量更高、营养更丰富。根据成长阶段，用恰当的次数给予合适的食物，才是合适的食物管理。

✕✕ 珍贵的母乳

产后6~8周内用母乳喂养被公认为是必要的。狗妈妈的母乳里含有最适合幼犬的营养成分，并且还能给幼犬带来多种免疫效果。

吃饭就是我的工作！

▪ 食物的交替 ▪

幼犬吃的食物以高营养、高卡路里和小颗粒为特征。但随着幼犬不断成长，需要更换为成年犬的食物。两种食物交替时期，每天以原来吃的食物的六分之一为标准，逐渐更换为新的食物。这样用大概1周的时间来完成新老食物的交替。如果一下子改变食物的话可能会弄坏幼犬的肚子。

随着慢慢长大，幼犬开始对狗妈妈吃的食物产生兴趣。3~5周大时，幼犬就有想吃食物的倾向。不过，自然断奶才是最好的。如果在幼犬2~3周大时强行断奶，对它们的成长来说是不利的。

✖✖ 首先从整理房间开始

　　人和幼犬一起生活，意味着大家处于同一环境里。我们觉得危险的事情，幼犬想都不想就会去做，比如吃观赏植物的叶子、啃电源插座上的插头等，这些都有可能威胁到它们的生命。

　　为幼犬规避这些危险是主人的任务。首先，把对幼犬来说是危险的物品隐藏好，收拾一下房间吧。

✖✖ 禁止幼犬进入的场所

　　布满了家电插座的地方，厨房、楼梯等危险的地方，请提前用围栏隔开吧。因为主人在厨房准备饭菜时，没有注意到脚边的幼犬而踩到它们的事故并不少见。另外，幼犬把掉在地上的食物吃掉的事也时有发生。有些食物会引起食物中毒或者弄坏肠胃，所以最好下定决心不要让幼犬靠近厨房等危险的地方。

狗屋+围栏+厕所这样的组合，是非常有用的"为幼犬着想的好地方"，既适合它们独自在家，也适合它们日常活动。

■ NG 的环境布置 ■

✕ 将狗屋放在窗边或者玄关

　　狗屋或围栏最适合摆放在安静的位置。床边或者玄关等经常有人和外界发出声音的地方还是尽量避免为好。另外，根据季节不同房间的温度会有所变化，请一定将狗屋摆放在有空调的房间里。

✕ 任何时候都对幼犬放任自由

　　家里没人或者大家都睡着的时候，如果让幼犬自由活动的话，会有很多危险。比如，它们有可能吞下异物或者从高处摔下来。

✕✕ 咦？感觉哪儿不对劲啊……

养育幼犬的过程中,有时候可能会感觉到幼犬"哪儿不对劲?"或者"没平时那么精神了"。幼犬给人的印象总是活蹦乱跳的,但身体状况也会突然变得不好。如果能在早期发现,也许可以减轻幼犬接下来的负担。为了尽早发现幼犬的身体不适,在掌握它们身体各个部位异常情况的同时,牢记它们精神好、身体健康时的状态也很重要。

眼睛

确认一下眼球有没有受伤。眼睛红了一整天的情况也要引起重视。另外,如果出现过多地流泪、眼睛周围有异味等情况时也请找兽医咨询。

鼻子

潮乎乎的鼻子是健康的象征。鼻子一整天都很干燥的话,代表身体某部位不舒服了。顺便说一下,早晨刚起来时鼻子干燥是正常现象。

耳朵

透出干净的粉色是健康的象征。变红或者有黑色污垢的话,要考虑是否得了外耳炎等耳朵炎症或者感染了细菌。

舌头和牙龈

干净的粉色是健康的象征。变白或者发紫可以看作身体状况异常。

※只有松狮犬舌头通常呈紫色。

牙齿

幼犬时期的牙齿呈干净的白色。乳牙脱落长出恒牙后,如果不注重牙齿清洁的话,牙齿就会变脏。过了1岁还有乳牙残留的话,请找兽医商量一下如何处理。

■我们来了解一下幼犬的体温、脉搏和体重吧！■

如果能够了解幼犬的体温、脉搏和体重，就能对其进行更细致的健康管理。体温一般是通过肛门插入体温计测量，脉搏则是在大腿内侧根部测量，因为那里有大动脉。为了测量准确，建议找兽医咨询正确的测量方法。

皮肤

浅浅的粉色和光滑的状态是皮肤健康的象征。如果长疮或者掉屑的话，则有患上皮肤炎的可能，同时也可能带来瘙痒。

毛色

毛色光泽美丽是幼犬的正常状态。身体状况一直不好的话，毛色就会跟着变差。一旦发现毛色变差，赶紧关心一下它们的身体状况吧。

肉球

犬类总是光着脚走路的。如果玩得太过激烈，肉球就可能受伤或者翻卷，这时候它们走路的样子就会不自然。所以一旦感觉到幼犬异样，请立刻检查一下肉球的状况吧。

肛门

粉色是其健康的象征。如果大便黏在上面就会滋生细菌，导致肛门发痒。请让这个部位保持清洁吧。

大便

大便是健康的晴雨表。厕所用垫上面能黏着一点是其健康的象征。如果稀到抓不起来或者像水一样的状态一直持续的话，请立即去宠物医院就诊。

趾甲

根据犬种不同，趾甲的颜色也有所不同。以够不到地板为合适的长度。趾甲长得太长的话，可以看到其对脚趾形状和走路模样的影响。

咬住主人的裤子不放……
和玩具玩摔跤游戏……
到院子里巡视一周……
嗯，今天就算上过班了。

第2章

平安度过每个
季节和月份

炎热的季节、寒冷的季节，

幼犬的生活方式随着四季的变化而变化。

另外，每个季节维持幼犬健康的方法也不同。

这一章就来介绍让幼犬平安度过每个季节和月

份的方法。

不同季节幼犬的照顾方法

春

(最容易度过的季节)

即使对人类来说，春季也有着很舒适的温度。3月上旬还残留着一丝冬天的寒意，但之后就开始逐渐转暖，是很适合迎接幼犬到来的季节。有些幼犬还不能自己散步，就抱着它们出去走走吧。

春季护理要点

○注意温度的突然变化。

○5月份以后注意防暑。

○刷毛以防止花粉过敏。

○不要忘记预防寄生虫。

夏

(滚滚袭来的湿气和暑热)

从潮湿的梅雨季节开始，夏季的热浪就来袭了。特别需要注意的是室内温度的管理。另外，手触摸水泥地感觉到烫的时候，绝对不要带幼犬外出散步。

夏季护理要点

○严格做好湿度和温度的管理。

○完成寄生虫的预防了吗？

○要随时补充水分。

○注意防暑！

虫害警告！

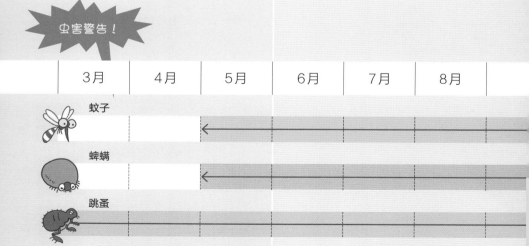

	3月	4月	5月	6月	7月	8月
蚊子						
蜱螨						
跳蚤						

秋

(**逐渐变舒适的红叶季**)

夏季结束，到了秋季日子就好过起来了。有的幼犬恢复了夏季丧失的体力，开始暴饮暴食。这时不要光顾着喂，要好好管理它们的饮食哦。

秋季护理要点

○认真管理食量！

○不要让房间太干燥。

○不要对虫害掉以轻心。

冬

(**和干燥对抗的寒冷冬季**)

寒冷的冬季里温度自不用说，最大的敌人其实是干燥。特别是对于幼犬的呼吸器官来说，干燥是大敌。有必要对湿度进行彻底的管理，所以要花一些工夫在加湿器的选择上。

冬季护理要点

○彻底控制好寒冷日子里的室温。

○要保持合适的湿度。

○禁止接触加热器等家电。

○要特别注意误饮和误食。

9月	10月	11月	12月	1月	2月

从春季到夏季

　　和我们人类一样，犬类也会随着季节变换而感觉到气温和环境的变化。幼犬对气温变化尤为敏感，请一定引起重视。

　　除了少数犬种外，大多数犬类在盛夏和严冬以外的季节并不需要空调等设备。用这些设备的时候要注意不要把室温调得过冷或过热，以免影响它们的健康。另外，犬类并不擅长调节体温，它们感到热的时候是通过喝水来降温的。所以温度高的时候一定要留心让它们能够喝到水，并且要保证是干净的水。

暖洋洋的舒适春季

　　3月下旬到5月，对人类和犬类来说都是很舒适的季节。

　　这个时期可能是迎接幼犬到来的好时机。此外，如果能将可以散步的3个月大小的幼犬融入这个时期，可以让幼犬没有身体负担地开始第一次散步。

　　然而，3月里还是会有突然降温的日子，所以季节交替时期千万不能掉以轻心。

✖✖ 车内温度竟然会超过50℃！？

没有空调的房间和炎热的室外自不用说，大家也要重视车内会引发中暑。不光是夏季，春季也会发生车内中暑的情况，甚至连天气好的冬天都会有人中暑！车内温度的上升速度比我们预想的要快很多。将幼犬放置在这样的地方，自然会威胁到它们的生命。所以在任何季节都要杜绝把幼犬留在车内这样的行为。

一定要注意不要中暑哦

又闷又热的夏季

6~8月，湿度和温度都很高，对犬类来说是最难熬的季节了。

尤其是7月份的盛夏，艳阳高照时，甚至连成年犬都无法出去散步。因为中暑而死亡的例子也不少。这个时期只能在日落之后或者一大早出去遛狗。

气　温　　从寒冷到温暖
散　步　　方便

尽管气温不稳定，但相对来说还是比较舒适的月份

　　冬天终于结束，白昼变长，日子慢慢变得好过了起来。这个月适合带幼犬出去散步，以及做一些适应外界的训练，但对突然降温不能麻痹大意。这样的日子不一定要开空调，但一定要注意夜间温度的变化。

带幼犬出去散步之前，不要忘记预防丝虫等寄生虫。

趁着舒适的4月，赶紧带幼犬接触一下花草树木和空气，为它开启一个新世界吧。

气　温　　温暖、偶尔有点热
散　步　　方便

非常舒适、适合迎接幼犬的月份

　　从3月下旬到整个4月都很温暖，对幼犬来说是非常舒适的月份，也是一整年中最适合迎接幼犬回家的月份。即使在室内也经常开窗通风换气吧，幼犬能因此而感受到室外的空气和味道呢。

| 气　温 | 从温暖到暑热 |
| 散　步 | 方便 |

5
月

逐渐变热的月份

　　气温逐渐升高、开始变热的 5 月。如果一直关着窗的话，室温也会逐渐升高。幼犬受得了还好，一旦连我们自己都感觉到热了，就要想办法开窗或开电风扇来通风，也可以开空调来降温。

从这个月开始，会经常使用电风扇和空调，一定要注意室内温度的管理哦

■人类感觉到冷的温度对犬类来说正合适？■

　　犬类和人类对气温的感知并不相同。人类觉得凉爽的时候，犬类还是觉得热；而犬类觉得正好的温度对人类来说却有点冷了。在比较热的地区，5 月份就要开空调了。我们要参考人类和犬类对温度感受的差异，来调整室温。

| 非常冷 | 冷 | 凉快 | 正好 | 暖和 | 热 |
| | 冷 | 凉快 | 正好 | 暖和 | 热 | 非常热 |

气 温 湿度和温度都很高

散 步 傍晚或者夜间

与潮湿的梅雨作斗争

6月正是梅雨季节，日本独有的闷热在这个时期席卷而来。随着湿度的增加，幼犬会显得倦怠。比起气温，用空调或者除湿机将湿度降低，幼犬会感觉舒服很多。同时从这个月开始，户外的蚊子和寄生虫也会一下子增多，千万不要忘记防虫。

蚊子季正式来临了。一定注意不要让幼犬患上"丝虫病"（参考40页）。

本月电费会很多。但为了幼犬的健康，还是暂且不要考虑电费的事，做好温度管理吧。

气 温 非常高

散 步 早晨或者夜间

即将迎来一年当中最热的时候

7月份是暑假的开始，也是幼犬和炎热夏季作战的开始。虽说如此，温度管理实际上还是主人的任务。在7月份，如果将幼犬放在不开窗也没空调的房间里，会有很多幼犬因为中暑而死亡。如果您经常不在家，请一定要彻底做好这方面的管理。

| 气温 | 依然炎热 |
| 散步 | 早晨或者夜间 |

8月

对残留的暑热不能掉以轻心

虽说一年当中最热的7月下旬已经过去，但8月份的气温仍然很高。这个月一般不能在10~18点之间遛狗。幼犬幼小的身体会因为承受不了夏季的高温而受伤。散步训练还是放在温度低一点的早晨或者夜间进行吧。

7月份和8月份是非常容易中暑的月份，一定要特别注意车内和户外的安全。

夏季外出要提高警惕哦！

■什么是中暑？■

人类和犬类都会因为夏季的暑热晕倒。所谓中暑，指的是体温急剧上升引起的呼吸困难、大口大口地喘气或者大量流口水的症状。另外，还会出现恶心、呕吐、一时的晕眩导致摔倒的状况，严重的会引起休克甚至死亡。

随着气温回暖，犬类的天敌也跟着来了。弄得不好的话，因为天敌而搭上性命都有可能。这个天敌就是"虫子"。5~6月的日本正处于温暖的季节，随着湿度的增加，很容易变得潮乎乎的。这种潮湿的环境，最适合虫子的生长和繁殖。

从春季开始一直到夏季结束，是虫子最活跃的时期。它们通过寄生在犬类体内、吸血等行为对犬类健康造成影响。所以这一时期一定要认真做好防虫工作。

✖✖ 防虫要这么做！

蚊子的预防

需预防的时期　5~11月

预防方法　吃药 注射 滴下

预防间隔　每月

预防由蚊子作为媒介的"丝虫病"（参考124页），主要通过吃药来进行。药的用量根据犬类的体重不同而不同。对于蚊子的预防一般从血液检查开始。请和兽医商量之后再进行预防。

跳蚤、蜱螨的预防

需预防的时期　5~12月

预防方法　滴下

预防间隔　每月

与蚊子不同，跳蚤和蜱螨可以一起预防（也可以和蚊子一起预防）。基本上都使用滴下的方式，在幼犬完澡之后进行。跳蚤基本上一整年都潜伏在房间里，从这个角度来看，也可以全年进行预防。

活跃期 5~11月

对犬类的危害 吸血、疾病的媒介、感染

　　随着夏季的到来，蚊子逐渐增多。蚊子作为媒介，通过吸食犬类的血液，将可以致命的丝虫病传染给它们。蚊子无处不在，想要保护好爱犬，必须要预防丝虫病。请就此事和兽医仔细商讨对策。

活跃期 5~9月

对犬类的危害 皮肤寄生、吸血、贫血、过敏

　　世界上有成千上万种类型的蜱螨，因为对爱犬有害而被人熟知的是硬蜱类。它们飞扑到爱犬身上后开始吸血，潮湿的季节尤为多发。蜱螨一般都隐藏在草堆及山川河流里。用滴下的方式进行预防较为常见。请尽早采取预防措施。

活跃期 几乎一整年

对犬类的危害 皮肤寄生、吸血、贫血、过敏

　　跳蚤实际上隐藏在家里的各个角落。它们通过寄生在犬类的皮肤上进行吸血。因为跳蚤比蜱螨还小，所以很难被发现。因此再怎么努力，也很难杜绝室内的跳蚤。通过防虫药让它们无法寄生，并用吸尘器等工具来保持室内的清洁吧。

幼犬很怕热

✖✖ 一热就会致命？

　　前面一直强调要注意7月和8月的暑热。炎热对幼犬来说如临大敌。不仅是幼犬，还有成年犬和老年犬，可以说犬类在任何年龄都很怕热。

　　这归根到底是因为犬类是不善于调节体温的动物。因为缺少出汗的器官"汗腺"，所以犬类无法通过流汗将水分排出体外，而是通过汗水蒸发吸收汽化热来达到降低体温的目的。取而代之的是，犬类伸出舌头，通过喘气来调节体温。但喘气需要动用全身肌肉，所以最终体温也降不了多少。

　　犬类的体温调节大部分还是要靠主人。对幼犬来说，只有靠人类才能最终达到消暑的目的。让我们利用物品和空调帮助幼犬调节体温吧。

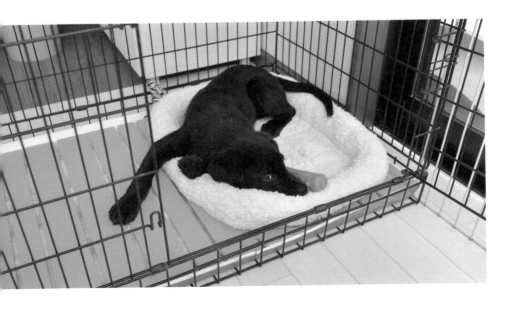

🍀降温工具

不锈钢制的宠物垫或者含有保冷剂的物品对于体温调节都有帮助。注意不要让幼犬啃咬含有保冷剂的物品。

🍀用空调调节室温

首先，最基本的是不要把温度设置得过高或者过低。如果室内温度跟外出散步时的温度差太多的话，会对幼犬的身体造成负担。

🍀用电风扇通风

空气的特点是热气在上，冷气在下。用电风扇可以使空气循环起来，打破这一特点。

■ 夏季造型真的会凉快吗？ ■

毛量丰富的犬类经常会有一款夏季专属造型。通常犬毛被剪得非常短，变成了一件"薄衫"。然而这样只是看着凉快而已，因为毛被剪了，皮肤直接接受高温和阳光的洗礼，反而起了反作用。犬类的毛发冬天可以防寒，夏天可以通过隐藏在其中的空气隔绝热气。

不过，被毛发覆盖的身体犹如一直披着一件羽绒服。考虑到这一点，再对犬类进行夏季造型时，请为它们做一个"适可而止的造型"，不要把毛发剪得太短。

我把一切都交给你了，室温管理就拜托咯……

从秋季到冬季

秋冬之交，准备应对寒冷的同时，也不能忘了防备暑热。一般来说，9月份差不多摆脱夏季的炎热，开始逐渐转凉了。然而，气温不稳定的日子并不少见。特别是近年来总有几年感觉秋天特别短，一会儿突然降温，一会儿又变得跟夏天一样热。

另外，由于温差导致体力下降，免疫力也跟着下降，犬类就容易生病。成年犬能够适应一定程度的寒冷，但在幼犬期，还是要好好调节一下室温。

气温重新变得舒适的秋季

温度下降、太阳下山变早的话，大家就能感觉到秋天来临了。

气温重新变得舒适的秋季，是仅次于春季的适合迎接幼犬到来的季节。另外，在春季迎来的幼犬，也恢复了夏季丧失的体力。与此同时，很多幼犬还会胃口大开。这样的日子要注意防止它们吃太多引起肥胖，不要让幼犬从小成为肥犬后备军哦。

■ 室内干燥到噼里啪啦响？ ■

　　日本气候的一大特征是，和潮湿的夏季完全相反，一到秋冬季节就变得十分干燥。和人类一样，犬类也能感觉到干燥带来的影响。特别是幼犬时期，干燥会对它们的气管和喉咙造成损伤，由此引起咳嗽和打喷嚏等症状，还会引起皮肤和耳朵的瘙痒。

迎来真正寒冷的冬季

　　气温不断下降、降到一位数的时候，冬天的感觉就来临了。
　　虽然犬类应对寒冷比应对暑热要强一点，但也绝没有到厉害的程度（参照第50页）。如果一直待在寒冷的环境里，体力会逐渐丧失，幼犬还会因为水喝得不够而患上尿路结石等疾病。我们要保持一定的室温，在有太阳的时候带它们散步。

高温的日子还在延续,还要防止中暑。

气 温　还有点热

散 步　选择时间段

被突如其来的残暑折磨

8月份结束后,并不是马上就能凉快下来,9月份还会热上一段时间。对于带出去散步的时间、室内温度的管理等还远远不能掉以轻心。不过跟七八月份相比,还是比较适合迎接幼犬的到来,距离真正的冬天也还有一段时间,这段时间养育幼犬会相对轻松一点。

气 温　非常舒适

散 步　方便

适宜的温度一直持续,非常舒适

不冷不热,非常舒适的10月份。因为很适合迎接幼犬回家,这个季节到宠物店寻找幼犬的人特别多。不过即使在这样的季节,也不要把幼犬留在车里,因为这样可能还会引发中暑。和季节无关,只要有太阳,都要防止车内中暑。

推荐在这个月迎接幼犬回家。

想要幼犬跟落叶合影,就在这个月了吧!

| 气 温 | 稍有点凉 |
| 散 步 | 任何时间段都可以 |

这个月差不多可以开始准备冬季用品了

树叶开始泛红,即将迎来冬季的11月份。本月上旬依然持续着舒适的温度,到了下旬就开始变成冬季的气温了。从这个时期开始,可以给幼犬穿上外套。为了让幼犬从小就适应穿戴,从现在开始就给它们穿上外套也许是个不错的选择。另外,从这个季节开始,要注意室内干燥的问题了。

是个适合睡午觉的好天气呢!

■ 静电会导致幼犬变脏吗? ■

在干燥的室内,犬类的毛发和地毯等家具发生摩擦之后,身上就会产生静电。带电的毛收飞扬在房间里的灰尘,导致它看上去很脏。为了防止静电,用梳毛器给它们做毛发护理是最有效的方法。护理时,要给它们全身喷上防静电喷雾后(注意避开眼睛),再进行梳理。

外套可以防寒和阻挡紫外线,让幼犬从小就开始适应穿戴吧。

气温　寒冷

散步　温暖的时间段

冬天终于来临啦

　　气温开始直线下降的12月份。如果在这个时期迎来幼犬,一定不要忘记室内温度的管理。在圣诞节等活动中,很多人会分蛋糕给幼犬吃,这对于幼犬来说只会带来过剩的营养和热量。我们不要把自己的食物分给幼犬吃。

气温　非常寒冷

散步　温暖的时间段

严冬正式开启

　　12月已经够冷的了,但气温还要一降再降的是1月份。真正的严寒才刚刚开始。注意室内温度的同时,也别忘了空调和取暖器会带来干燥。如果幼犬在这个月到来,室内湿度调高一点为好。

请务必注意幼犬和取暖器之间的距离(参考52页)。

请注意幼犬的误饮、误食。巧克力有时会致命，一定要注意。

| 气 温 | 寒冷 |
| 散 步 | 温暖的时间段 |

最冷的时期

　　2月份的平均气温和1月份没有太大变化，寒冷依然持续。和1月份一样，保持好容易丢失的湿度的同时，也要做好室内温度的管理。这个月因为有情人节，经常有幼犬会误食人们给的巧克力，所以这个月宠物医院的咨询量会增加许多。有的幼犬容易巧克力中毒，请一定要引起注意哦。

除了这些还有好多我们不能吃的食物，请一定要和善医一样一样地确认好哦。

■让我们记住犬类不能吃的东西吧■

巧克力（可可）

葱类

鸡骨头（加热过的）

咖啡因

幼犬也怕冷

也许很多人都听说过"犬类都不怕冷"这一说法。这么说虽然也没错，但容易让人囫囵吞枣，误以为犬类"耐寒、抗冻"。实际上犬类和我们人类一样，冷还是觉得冷，只是能够忍受而已。

另外，对于出生一年以内的幼犬来说，以上的说法是行不通的。因为还未成年，所以无论在寒冷还是暑热面前它们都很脆弱，我们一定要为它们做好生活环境中的温度控制。如果您曾一度认为"犬类都不怕冷"，请一定忘掉这个想法。

❌❌ 保持温暖我们需要做什么？

冬季的基本温度管理和夏季时没什么区别。设置好空调的温度，注意冷热温差不要太大就可以了。温度一般设置在20℃左右。20~22℃对幼犬来说是适宜的温度。

如果说夏季的"大敌"是潮湿，那么冬季需要对抗的就是干燥问题。空调一开，室内立马变得干燥起来。

为了防止干燥，最好准备一台加湿器。湿度一般维持在30%以上，但也不能过高，70%以上的湿度会让幼犬丧失体力。通过加湿器维持40%~60%的湿度吧。

湿度低于30%的干燥状态，会对幼犬未发育成熟的呼吸器官造成负担，另外也容易给皮肤和耳朵带来炎症。看看爱犬有没有在挠自己的身体吧。

✖✖ 如果没有加湿器怎么办？

家里没有加湿器的话，可以将弄湿的浴巾或者衣服挂在室内晾干，最好放在能轻

轻吹到空调暖风的地方。这么做能维持一定的湿度，但浴巾和衣服很快就会被吹干，所以需要花工夫弄湿几次。

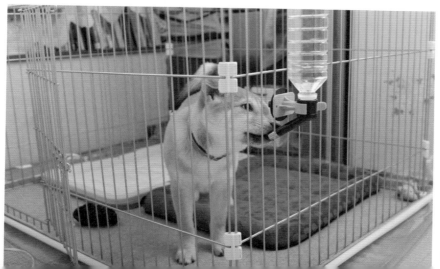

51

❌❌ 犬类和取暖器的纠纷?

　　冬日里的取暖设备大部分都会发热，即设备本身会变热。空调自身不会变热，又在犬类够不着的地方，所以不用担心。但像暖风机、远红外线取暖机、暖炉等设备，自身的一部分会发热或者会吹出高热的风，就容易引起幼犬皮肤烫伤或者毛发烧焦。弄得不好有时还会造成幼犬大面积烫伤甚至受伤，一定要引起重视。

❌❌ 痛觉稍显迟钝的犬类

　　都说犬类的痛觉比人类的迟钝。它们也不会觉得热的东西有危险，所以对持续用取暖器而产生的危险一点觉察都没有。因此，可以看到很

多犬类，它们长时间蹲在打开的远红外线取暖机前或者在暖风机前对着暖风呼呼喘气。在幼犬身上也常常能看到这样的情形。然而这样的行为容易引发危险，一定要注意。

✖✖ 不要让犬类烫伤

使用自身会发热的电器时，用围栏把它们隔离一下，这样幼犬就无法靠近。在摆放取暖器的时候，尤其要把"不让幼犬靠近"这件事放在心上，再采取预防措施。

✖✖ 保暖垫的盲点？

最近市场上充满了幼犬专用的保暖垫、用电加热的垫子等保暖物品。这一类物品和取暖器一样需要引起注意。比如，保暖垫里的填充物有时会采用棉花或者谷物壳等特殊材料。对这类东西感兴趣的幼犬会咬破垫子，误食这些东西，一定要引起重视。

■ 烧伤还能引起毛的损伤…… ■

取暖设备引起的烧伤，会导致毛被烧焦，甚至烧没了。如果光是毛损伤也就罢了，烧伤有时还会波及皮肤。顺便提一句，猫类似乎对这类疼痛也很迟钝，所以这类麻烦事总会找上它们。

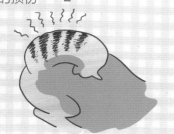

认识各个犬种

贵宾犬

产地：法国
与人亲近程度 ●●●●○
与犬友好程度 ●●●●○
容易调教程度 ●●●●○
运动量 ●●●○○

因独特而丰富的毛发成为无人不知无人不晓的人气犬种。非常聪明、爱玩，也很容易调教。顺便说一下，贵宾犬的大小分为标准型、迷你型、中等型和玩具型四种。

腊肠犬

产地：德国
与人亲近程度 ●●●●○
与犬友好程度 ●●●○○
容易调教程度 ●●●○○
运动量 ●●●●○

长长的躯体配上短短的腿，因为这可爱的外观而聚集了人气。有标准型、迷你型、玩赏型三种大小，其中迷你型最受欢迎。毛发种类的繁多也进一步增加了它们的人气。它们通过抬高声音来撒娇。

是世界上最小的犬种。用双手就能完全包住的小身体、水盈盈的大眼珠、再加上苹果形状的脑袋，是令人印象深刻的犬种。它们的起源至今仍是个谜。

吉娃娃

产地：墨西哥
与人亲近程度 ●●●●○
与犬友好程度 ●●●○○
容易调教程度 ●●●○○
运动量 ●●○○○

纯黑、金属色、蓝色，这些都是约克夏独有的引以为豪的美丽毛色。因为美丽的毛发而被称作"移动的宝石"，在世界范围内广受欢迎。随着年龄的增长，毛发的颜色也会发生微妙的变化，这也是约克夏犬的一大特色。

约克夏犬

产地：英国
与人亲近程度 ●●●○○
与犬友好程度 ●●●○○
容易调教程度 ●●●○○
运动量 ●●●○○

波美拉尼亚犬

产地：德国
与人亲近程度 ●●●●○
与犬友好程度 ●●●○○
容易调教程度 ●●●○○
运动量 ●●●○○

蓬松的毛发、可爱的眼睛、瞬息万变的表情，是非常可爱的一类犬。因盛产于德国的波美拉尼亚地区而得名。它们身子虽小，胆子却很大，并且性格开朗又温顺。

狮子狗在拉丁语里是"握紧的拳头"的意思。虽然原产地在中国，却是在17世纪末流传到荷兰之后才打开知名度的。对主人很眷恋，随便做个动作就能把人逗笑，是很治愈人的一类犬。

狮子狗

产地：中国
与人亲近程度 ●●●●○
与犬友好程度 ●●●○○
容易调教程度 ●●○○○
运动量 ●●○○○

拉布拉多犬

产地：英国
与人亲近程度 ●●●●●○
与犬友好程度 ●●●●○○
容易调教程度 ●●●●●○
运动量 ●●●●●○

说到聪明的犬类，第一反应是拉布拉多的不在少数吧。它们的确是能够读懂人类的表情和语言，做出相应行动的犬种。温柔的表情和与人亲近，可以说是大型犬的典范了。

金毛犬

产地：英国
与人亲近程度 ●●●●●○
与犬友好程度 ●●●●○○
容易调教程度 ●●●●○○
运动量 ●●●●○○

金色的毛发又多又长，非常漂亮。它们很聪明、与人亲近，也经常跟其他犬类玩在一起。同时它们也很调皮，在家里会疯玩，所以能否好好控制住它们是关键。

柴犬

产地：日本
与人亲近程度 ●●●○○
与犬友好程度 ●●●○○
容易调教程度 ●●●○○
运动量 ●●●●○

公认的代表日本的犬种，也是日本的天然纪念物之一。这是稍有戒备心的一类犬，但它们威风凛凛的姿态和表情，以及只对主人绽放的一面都很有魅力。

威尔士柯基犬

是仅次于腊肠犬的体长腿短的一类犬。调皮、爱玩耍，同时又兼具才智。因主要饲养于威尔士的彭布罗克郡而得名。

产地：英国
与人亲近程度 ●●●●●○
与犬友好程度 ●●●●●○
容易调教程度 ●●●○○
运动量 ●●●●○

雪纳瑞犬

产地：英国
与人亲近程度 ●●●○○
与犬友好程度 ●●●●○
容易调教程度 ●●●●○
运动量 ●●●○○

雪纳瑞有三种大小，分别是巨型、标准型和迷你型。一般比较有人气的是迷你型。脸周围的毛发较长是它们的独特之处。

■ 世界上的犬种还有很多很多！ ■

　　世界上竟然有多达 700 种以上的犬种（包括公认和非公认的）。就在此刻，也许就有新犬种诞生，但遗憾的是也有某些犬种面临灭绝。日本近年来不断引进海外的新犬种，所以看到珍稀犬种的机会也多了起来。

　　对于所有的犬种来说，要把该种类繁衍下去，对于皮毛的类型、身材的大小和体重等都有一定的标准。从事犬类繁殖的专业饲养员会让这些品种按原样繁殖，使犬种维持下去。托他们的福，这些犬种从古至今都没有发生改变。

如何陪伴 1 岁以内的幼犬

在第一章里我们提到过，

幼犬的第一年可以分为四个时期。

正确了解这四个时期，

和幼犬的关系会上一个大大的台阶。

我们一起来了解一下这四个时期吧。

根据您的生活方式，选择幼犬的社会化方案

幼犬的社会化方案（参照66页）并不是单一的。
主人自然而然地陪伴爱犬一起进行社会化活动，才是让它们成功实现社会化的关键。

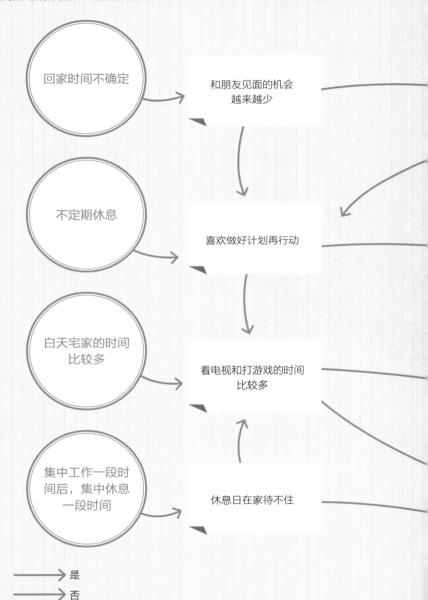

回家时间不确定

和朋友见面的机会
越来越少

不定期休息

喜欢做好计划再行动

白天宅家的时间
比较多

看电视和打游戏的时间
比较多

集中工作一段时
间后，集中休息
一段时间

休息日在家待不住

→ 是

→ 否

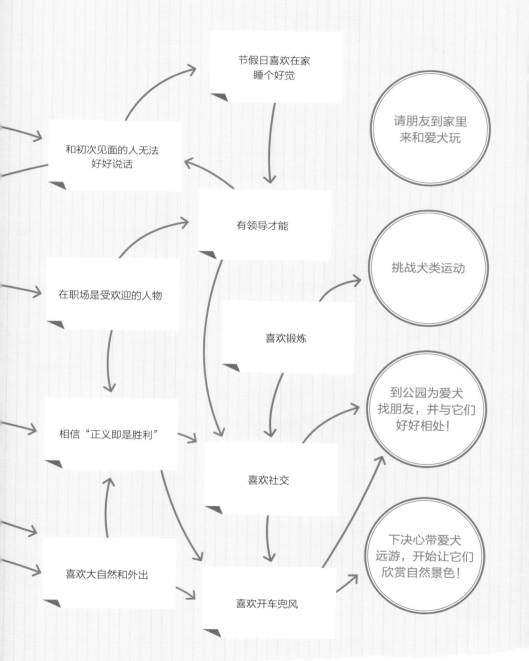

节假日喜欢在家
睡个好觉

请朋友到家里
来和爱犬玩

和初次见面的人无法
好好说话

有领导才能

挑战犬类运动

在职场是受欢迎的人物

喜欢锻炼

到公园为爱犬
找朋友，并与它们
好好相处！

相信"正义即是胜利"

喜欢社交

喜欢大自然和外出

下决心带爱犬
远游，开始让它们
欣赏自然景色！

喜欢开车兜风

从出生
到12天
左右

刚出生没多久的

新生儿期

✕✕ 吃奶睡觉是它们的工作

刚出生的处于新生儿期的幼犬，只有手掌那么点儿大。神经反射、嗅觉和味觉、触觉等虽已发育完成，但眼睛和耳朵还不起作用，体温调节也不自如，所以生存基本依赖于狗妈妈。处于这个时期的幼犬是非常脆弱的。

它们只能匍匐着前进一点距离。另外，因为它们不太懂得控制自己的排泄器官，还需要狗妈妈用舌头舔肛门来刺激排泄。这一时期的幼犬大部分时间都是在睡眠和吃奶中度过的。

✕✕ 刺激身体让心智成长

能用前肢（前腿）支撑起身体是在出生6~10天以后。出生8天之后，后腿支撑身体也逐渐成为可能。另外，虽然还不能对刺激做出迅速反应，但是出生3天左右的幼犬就能对不喜欢的东西表示抗拒。

据说在这一时期对身体给予抚触刺激，可以影响幼犬今后的学习能力、运动能力和身体发育。另外，定期接受抚触刺激的幼犬，比没有接受过抚触刺激的幼犬会更早睁开眼睛。

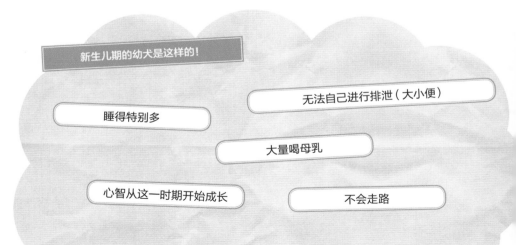

新生儿期的幼犬是这样的！

无法自己进行排泄（大小便）

睡得特别多

大量喝母乳

心智从这一时期开始成长

不会走路

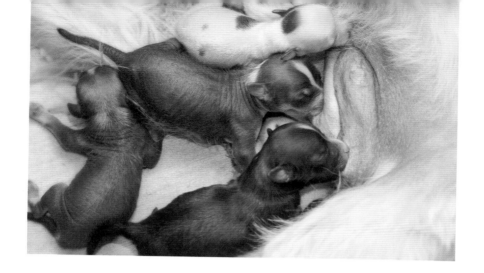

■ 什么是抚触？ ■

所谓抚触，指的是通过
抚摸犬类的身体，人为地让
它们动起来。习惯抚触会减轻
它们对被人抚摸或者到医院
接受检查时受到的压力，成长
为性格从容不迫的犬类。从
幼犬时期就开始抚触它们身
体的各个部位，让它们不再
害怕被触摸吧。

幼犬通过抚触感受到些许压力刺激，它们的心
智也由此成长起来。为了培育出将来能够抵抗压力
的身心健康的犬类，关键是从事犬类繁殖这一行业
的人要认识到这一阶段的重要性。

✖ 和妈妈及兄弟姐妹们过早分离的
后果是？

出生1个月左右就被宠物店带走的幼犬，几乎
还没从兄弟姐妹及妈妈身上学到该学的技能就被强
行分开了。它们不知道与同类的交流方法、玩耍方
式、啃咬的力度等，于是在发育早期会出现过度回
避与其他犬类的交往、过于恐惧而发出攻击性的狂
吠甚至伤害对方的问题。选择幼犬时也要考虑到这
一方面。

12天到
21天大

幼犬的世界在扩展！

过渡期

※开始能够看到东西、听见声音

幼犬的过渡期是神经系统、运动系统和感觉器官迅速发展的时期。从这个时期开始，幼犬的世界一下子变大了，它们对任何第一次看到的东西都充满了兴趣。出生后第12~14天，幼犬睁开双眼。大约再过1周以后，它们的耳道通畅，开始听见声音。从这段时间开始，幼犬的活动水平迅速提高，逐渐变得能够自由行动起来。同时，也能看到它们和兄弟姐妹一起玩耍、摇尾巴等行为。

※感觉器官发育成长

在过渡期，幼犬的感觉器官也逐渐发育起来。随着感觉器官的发展，幼犬开始对光线和声音等来自周边环境的刺激产生反应，并开始应对刺激。它们要么接受刺激，不愿意接受刺激的时候就会表现出拒绝的反应。在过渡期后半段，幼犬不用借助妈妈的力量也能够自行排便了。

另外，这个阶段离断奶期也不远了。幼犬开始对妈妈吃的食物、即固体食物表现出兴趣。

过渡期的幼犬是这样的！

可以自己排泄

开始能够看到东西、听见声音

自行考虑接不接受各种刺激

对母乳以外的食物感兴趣

自己开始尝试各种各样的活动

■幼犬所需的各种刺激

对于过渡期的幼犬来说，它们对出生后第一次看见的种种事物表现出各式各样的兴趣和行为。为了它们心智的成长，要给予过渡期的幼犬丰富的刺激。

★ 对它们讲话
对着幼犬讲话，让它们感觉到有人跟它们说话的刺激。

★ 给它们看移动的东西
给它们一些会滚动的东西，刺激它们自发行动起来。

★ 让它们听各种声音
把录有各种环境（汽车、飞机、施工现场）发出的声音的CD放给它们听，让它们听各种各样的声音。

★ 在环境上下工夫
试着改变它们玩耍或居住的房间环境，使它们周围的环境焕然一新。

✖✖ 走路变得很快乐！

出生11天以后，幼犬的后肢（后腿）支撑力变强，除了前进，也可以后退。在这之前幼犬都不会后退，是不是感到很惊讶？随着后肢的发达，步行变得平稳，同时平衡能力也在发展，开始可以四处溜达了。

在过渡期即将结束的时候，幼犬在自己所处的空间里经历着各种各样丰富的体验。如何让幼犬接受这些刺激，对于培养它们将来灵活处理各种刺激的适应能力是很有帮助的。

3周到13周大

社会化期

怎样度过将决定其成长的

✖✖ 培养心智的重要时期

"社会化期"对犬类来说是"非常重要的一段时期"，这一点最近在主人中间也取得了广泛的共识。因为可以说如何度过这段时间，对幼犬甚至对犬类的成长都将起到决定性作用。

处于社会化阶段的幼犬的特征是好奇心特别旺盛。对象是活着的东西也好（人、犬、猫以及其他的动物），是静止的东西也好（玄关、声音、汽车等），它们都很感兴趣。好奇心泛滥的同时，这个时期的幼犬也具备一定的警惕心理。警惕心理随着年龄的增长会逐渐增强，过了社会化期之后就会超过好奇心，对任何事物都先产生警惕心理，甚至会有变胆怯的趋势。为了防患于未然，我们要利用好幼犬在社会化阶段的好奇心，让它们对任何事物都留下好的印象，从而使它们作为家族的一员、作为犬类的一员，能够过上开心的生活。

✂ 与妈妈和兄弟姐妹们一起度过社会化期

幼犬只要不是太早跟家人分开，一般都是在跟兄弟姐妹们的玩耍中开始学习社会化行为的。兄弟姐妹之间玩耍的时候，经常会玩突袭啊、啃咬等"啃咬游戏"。通过这个游戏，它们可以学到怎样控制力度，不伤害对方。

"啃咬的力度"是在这个发育阶段尤其应该学会的技能，通常是在跟兄弟姐妹们玩耍和吮吸母乳的过程中学会的。用力过大时会喝不到母乳（乳头被咬疼时，母犬会站起来不让幼犬继续吮吸母乳）、兄弟姐妹们不跟自己玩了（玩啃咬游戏时因太过用力使对方感到疼痛的话，它们就不继续玩了），通过学习这些，它们可以做到将来不把对方咬伤。

社会化期的幼犬是这样的！

爱惜给它们留下好印象的人类和犬类朋友

开始有它们喜欢的东西

容易留下心理阴影

对任何东西都感兴趣

社会化期进行的
幼犬社会化训练

在这个时期如果幼犬能喜欢上所有的事物，将来就不会变得胆怯、讨人嫌或者被同伴嫌弃。通过在社会化期进行"社会化训练"，将幼犬心智的成长往好的方向引导吧。

与犬类接触

请让幼犬与各种各样的犬类接触。犬类也会因为大小和第一印象而有很大的区别。理想状况是带它们多跟各种犬类打交道，使它们跟任何犬类都能友好相处。但如果幼犬已经对犬类产生警惕心理的话，这种时候如果一下子让它与别的犬接触，会给它造成巨大的心理阴影。还是让它先跟相处融洽的犬类朋友相处，慢慢地适应起来吧。

与人类接触

与人类大量接触对幼犬来说也非常重要。不怕生的犬类给人们留下好印象，变得人见人爱。对于这种类型的幼犬，在社会化阶段可以让它们多接触人类。除了家里人和亲戚外，把它们抱到公园，或者只是让它们见见人都对它们有帮助。

带它们外出

家门外的一切对幼犬来说都是新鲜事物，它们只要外出，就会接受各种刺激。一开始先抱着幼犬在玄关附近走走，接着在家周围，然后再到附近的公园，像这样慢慢扩大范围，让它们感受到各种刺激、听到各种声音、见到各色各样的人。所以从它们小时候起就抱着它们出去散步吧。

抚摸它们的身体

有必要让犬类学习即使被触碰也不会产生抵触情绪。因为如果去宠物医院看病的话，身体一定会被触碰的。如果有抵触情绪的话，它们会试着逃跑或者咬人，甚至会看不成病。如果养成身体任何部位都能被触摸的习惯，上医院看病就没问题了。日常与爱犬培养感情的时候，抚摸它们身体的各个部位，这样它们就不再害怕被触碰了。

 ## 让它们听声音

犬类对声音比人类更为敏感。如果要让犬类对从附近经过的汽车声、对讲机发出的叮咚声、玄关的声音、雷声等反应不会过激的话，在幼犬时期就要让它们多听听。最近，市场上在卖收录了日常生活中的各种声音的CD，我们可以利用起来。一开始音量小一点就可以，以后再逐步扩大音量吧。

13周到
6个月大

继续进行社会化训练的

幼龄期

✖✖ 相当于人类小学高年级

出生12周以后，幼犬的警惕心和恐惧心逐渐超过好奇心，开始占上风。出生后5周内，幼犬会主动靠近陌生的人或物，但进入幼龄期的幼犬对于新的刺激是有所防备的，要花一段时间才会去靠近。拿人来比喻的话，也许是因为他们进入了小学高年级，开始意识到羞耻和难为情吧。

通过给予爱犬各种社会化训练，使它们经历了优质的社会化阶段的主人们，在这段时期也要让爱犬继续适应各种各样的刺激。而对于未能经历优质的社会化阶段的幼犬来说，也要尽早接受来自其他犬类、人类和环境的刺激。即使超过了12周，作为幼犬还是有可塑性的，这时也可以开始接受社会化训练。

✖✖ 性成熟和叛逆期

幼犬在6~9个月大时迎来性成熟期。这一时期，幼犬会表现出迄今为止未曾出现过的一系列行为，比如撒尿标记领地、因戒备而吠叫、对自己势力范围意识的高涨，以及对特定物品的执着等。另外在这一时期，公犬开始对同性变得不感兴趣甚至带有敌意，转而开始对异性产生强烈兴趣。

出生后6~8个月，幼犬会表现出反抗的态度，比如故意做坏事、不听指挥等，由此迎来了"叛逆期"。如厕失败经常在这一时期发生，很多主人会感到失落，因为觉得"之前都已经做得很好了啊"。不过，越是在这种时候，越要用一贯的态度来对待它们。

还有很多要做的社会化训练

虽说幼犬到了幼龄期，但在社会化期进行的社会化训练还要继续。如果在这个阶段偷懒不进行社会化训练的话，之前积累的经验就会被逐渐淡忘。接下来要让它们继续接触在生活中可能出现的声音、人类（比如乔装打扮过的人等）、东西和环境等，给予它们足够的刺激。这样才能培养出胆大的犬来。

塌鼻梁也没关系。

有点儿与众不同也不要紧。

拥有独特的表情、性格，

唯一才是无价的。

第4章

和幼犬一起更加快乐地玩耍

陪幼犬一起玩的时候，

该用什么样的玩具好呢?

该怎么玩才好呢?

在各种各样的玩法和玩具中间，

选择适合爱犬的玩具和玩法吧。

选择适合幼犬的玩具

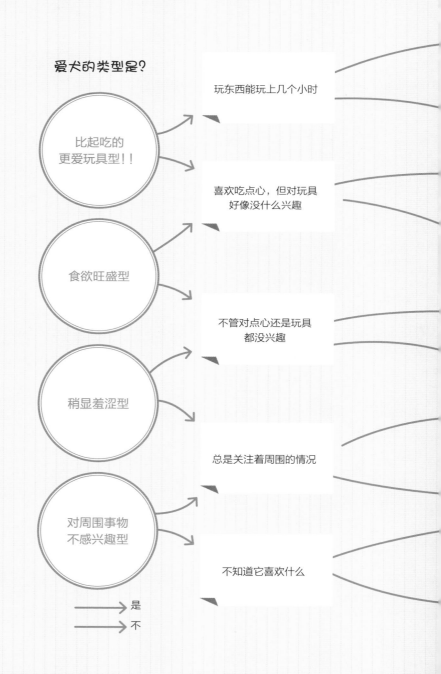

爱犬的类型是？

比起吃的
更爱玩具型！！

玩东西能玩上几个小时

喜欢吃点心，但对玩具
好像没什么兴趣

食欲旺盛型

不管对点心还是玩具
都没兴趣

稍显羞涩型

总是关注着周围的情况

对周围事物
不感兴趣型

不知道它喜欢什么

是

不

给不知如何为爱犬选择玩具而烦恼着的各位。
面对宠物商店里琳琅满目的玩具，却苦恼着不知该买哪些给自家的宝贝好。
让我们试着根据爱犬的类型来选择玩具吧。

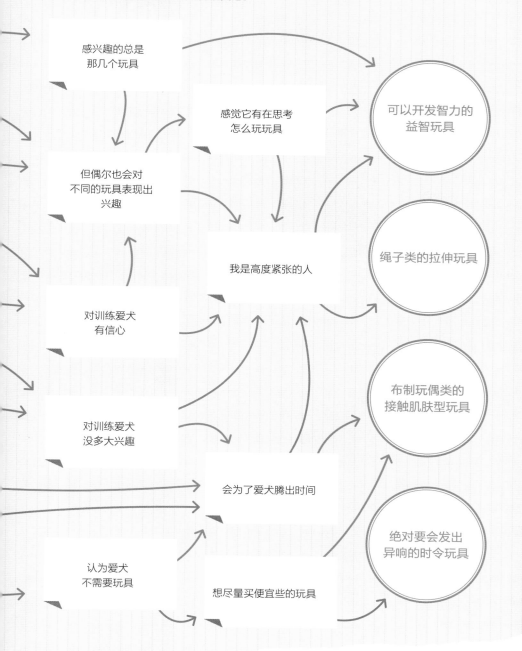

乳胶类玩具

柔软的橡胶，
会发出"哔——哔——"的
声音，可好玩了！

最适合和爱犬一起
玩拔河游戏了！

毛巾质地的玩具

绳索类玩具

柔软的质地容易打理！

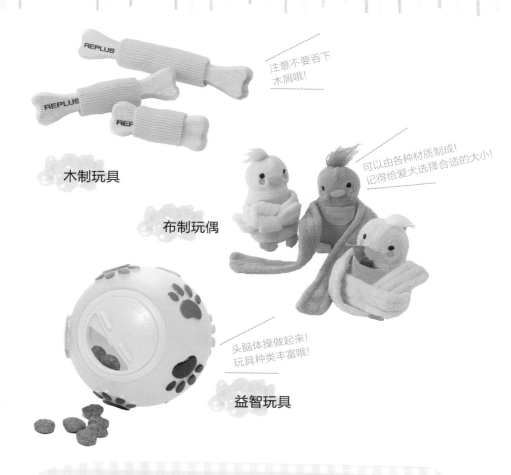

注意不要吞下
木屑哦！

木制玩具

可以由各种材质制成！
记得给爱犬选择合适的大小！

布制玩偶

头脑体操做起来！
玩具种类丰富哦！

益智玩具

■ **过硬的东西不行！** ■

　　让我们尽量避免买过硬的玩具，那
样的玩具会造成牙齿的缺失。这一点无
论对幼犬还是成年犬来说都是一样的。
另外，也请避免选择过硬的橡胶类玩具，
特别是用牛蹄猪蹄等制作的玩具。

适合幼犬的玩具有哪些

前面两页介绍的玩具中，有哪些是适合幼犬玩的呢？

现在市场上有各式各样、五花八门的宠物玩具，有布制的、毛巾材质的、绳索材质的、乳胶制的和木制的等等。

首先，推荐幼犬使用毛巾和绳索材质的玩具。这一类玩具不容易破损，又能享受到和主人一起玩的乐趣，对幼犬来说再适合不过了。

不需要买大量的、品种繁多的玩具。仔细观察幼犬喜欢哪种类型的玩具，给它们买那些能令它们开心的玩具吧。

一起玩嘛！

毛巾材质的玩具

毛巾材质的玩具对幼犬来说非常友好，而且可以拿来当拔河道具玩，玩法丰富。将自家多余的毛巾系起来，直接拿来当玩具也是可以的。幼犬每次咬紧毛巾的时候，还能起到洁齿的效果呢。

布制绳索玩具

　　供犬类使用的布制绳索玩具有各种尺寸，请为爱犬选择合适的大小。制作绳索的材料嵌入牙齿的话，会比其他玩具多一种洁齿的效果。

乳胶制作的玩具
（橡胶制）

　　乳胶制品中有很多能发出"哔——哔——"的叫声，从而使幼犬产生强烈的兴趣，用来玩"你丢我捡"的游戏应该很适合。因为乳胶制品会受损破裂，所以注意不要让幼犬吞下碎片。

益智类玩具

　　里面装有食物或点心，需要开动脑筋才能玩的称为益智类玩具。这是幼犬长时间独自在家时可以大显身手的玩具。记得一定要将玩法教给幼犬哦。

让幼犬开心的玩法

幼犬对任何东西都很感兴趣，连拖鞋、裤脚、饮料瓶的瓶盖都喜欢。另外，只要是能和主人一起玩的玩具，它们应该都会感兴趣。

简单的玩法有"你丢我捡"这样的游戏，但对幼犬来说，一开始就玩这个还有点难。先扔些玩具到它们身边，动一动这些玩具让它们咬住，再轻轻地玩拔河游戏就行了。

玩耍可以起到避免运动不足、消除压力的作用。从现在开始经常和爱犬一起玩玩，享受游戏时间吧。

喜欢会动的玩具！

只要是会动的东西，幼犬都很感兴趣。这是因为犬类的静态视力并不是太好，所以动态视力相应地发展得更好一些。我们要利用好这一点，逗幼犬玩的时候，拿起玩具在它们面前左右晃动或者把玩具扔到它们面前吧。

▓▓ 如果是只文静的幼犬

　　有这样一种幼犬，即使你拿着玩具跟它一起玩，它也不怎么感兴趣。那么当它对玩具表现出兴趣的时候，静静地陪着它一起玩，这样也许能提高它对玩具的兴趣。如果它对玩具不感兴趣，你却硬塞给它玩，它是不会开心的。这时候，可以试着换成以点心或食物为诱饵的需要开动脑筋的游戏。

也喜欢拔河游戏！

　　让幼犬叼着玩具，就能和它一起玩拔河游戏。在玩游戏的过程中，如果一直是你赢的话，幼犬会觉得无趣。所以让幼犬和自己轮流赢来玩下去吧。

陪我一起玩

　　把玩具往幼犬眼前一扔，它们是不知道该怎么玩的。尤其是一开始陪幼犬玩的时候，为了让它们能够愉快地玩耍，要拿起玩具动一动，意思是告诉它们这个玩具是可以一起玩的。

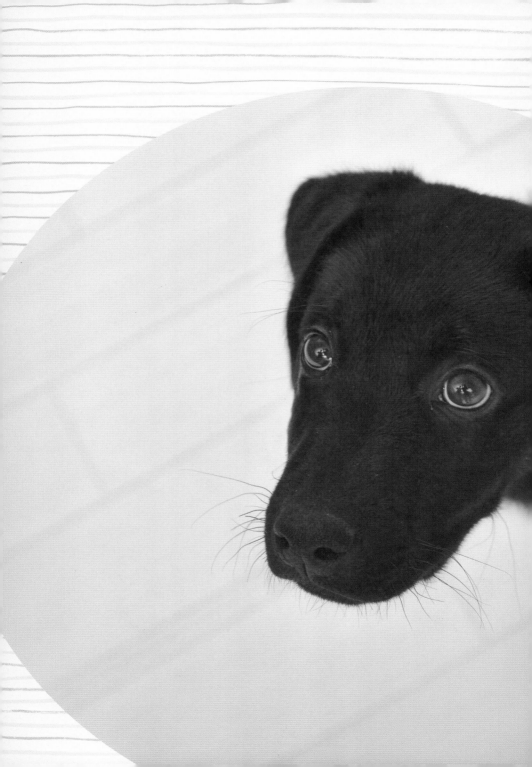

第5章

聪明地养育幼犬

对幼犬进行训练非常重要。

但过于严格的训练又会产生问题。

让我们利用好幼犬的特点，

巧妙地对它们进行训练吧。

通过训练，

更多地了解爱犬吧。

选择符合您生活方式的**训练方法**

训练方法有很多种，并没有对错之分。

针对不同性格的幼犬，会有不同的训练方法；主人生活环境的不同也会造成差异。

这里针对不同的家庭环境进行了模拟分类。

当然这不是绝对的，仅供大家参考。

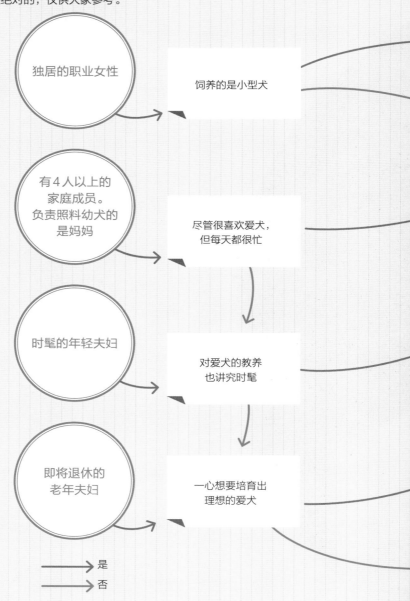

独居的职业女性

饲养的是小型犬

有4人以上的家庭成员。负责照料幼犬的是妈妈

尽管很喜欢爱犬，但每天都很忙

时髦的年轻夫妇

对爱犬的教养也讲究时髦

即将退休的老年夫妇

一心想要培育出理想的爱犬

→ 是

→ 否

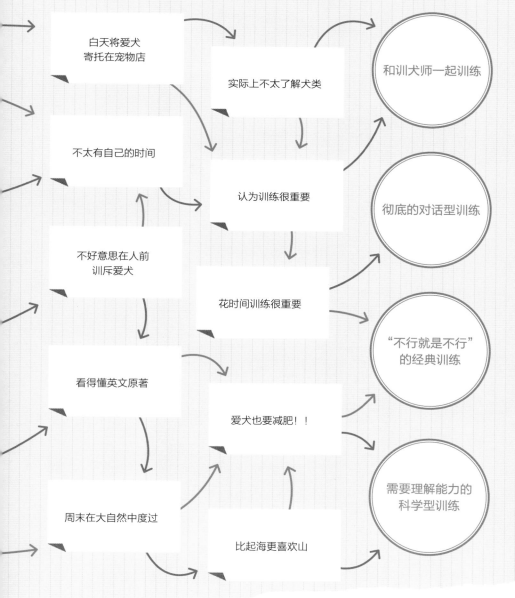

白天将爱犬
寄托在宠物店

实际上不太了解犬类

和训犬师一起训练

不太有自己的时间

认为训练很重要

彻底的对话型训练

不好意思在人前
训斥爱犬

花时间训练很重要

"不行就是不行"
的经典训练

看得懂英文原著

爱犬也要减肥！！

需要理解能力的
科学型训练

周末在大自然中度过

比起海更喜欢山

适合您的方法就是这个了！

和训犬师一起训练

向训犬师学习听上去好像挺麻烦的，但实际上并不麻烦。他们会认真告诉我们跟犬类有关的事情，我们也能从他们那里学到正确引导爱犬的方式，可以避免"是我教错了！"这种后悔也无济于事的失败。

最近流行以幼犬为对象的"爱犬教室"，特别推荐给第一次养犬或者周围没有养犬朋友的人士。当然这需要花费一定的时间和费用，但应该能取得与之相应的甚至是超出成本的效果。

彻底的对话型训练

犬类会模仿主人的一举一动进行学习。所以可能的话，尽量和幼犬在一起，一样一样地教会它们。近年来比较有人气的是"眼神交流法"。这种方法也称为"允许训练"，是给予犬类行动许可的一种方式。无论做什么行动都要取得主人的许可，这样幼犬的行为就不会有问题。对主人和幼犬来说都没什么压力的就是这个方法了。

"不行就是不行"的经典训练

　　任何事情"行就是行，不行就是不行"，这是一种严格的训练方法。迄今为止，大部分人都是按这种方法对爱犬进行训练的，但实际上失败的例子比比皆是。那么是哪里出了问题呢？主要是表扬或者批评的时机不对，主人的态度摇摆不定等。把这一类问题仔细处理好的话，这种训练方式还是有效的。使用这种训练方式的关键是在牢牢把握爱犬性格的基础上与其相处。

需要理解能力的科学型训练

　　指的是根据犬类的行动来进行训练的方法。所谓的科学，指的是"学习行为学"。用条件反射或脱敏疗法等科学支持的方法来训练爱犬，它们容易理解和接受，主人掌握好行为学的话，这种方法也不容易失败。使用训犬响片等道具的话，还能教出马戏团水准的技能呢。最近这种方法在犬类运动、训练竞技协会的训练中被频繁采用。

✖✖ 训练从到家那天开始

　　什么时候开始训练？第一次养犬的人总想知道开始训练的时机。训练其实从幼犬到家的那一天就要开始了。

　　比如说如厕训练，这必须在幼犬到家的那一天就进行。因为如果不告诉幼犬在哪里如厕，它们有可能会自行认定一个地方为厕所。厕所是每天都要上的，所以从幼犬到家的那一天开始就要训练它们。与此同时，不乱咬和不乱叫的训练也要开始了。

✖✖ 什么时候开始训练 "坐下"

　　可以试着同时训练幼犬"坐下"和"等待"，但不用太着急。这些是在幼犬时期可以训练的事情，但优先度并没有那么高。把这些训练当作游戏来进行，说不定它们反而能轻而易举地记住呢。

✖✖ 根据幼犬的性格来选择训练方法

训练方法根据每只幼犬的不同而有所差异。顽皮的幼犬和乖巧的幼犬所用的方法自然不一样，也需要根据它们的喜好来调整方法。判断幼犬的性格和它们喜欢的东西，巧妙地利用好这一点来进行训练吧。

❀ 从今天起就开始训练吧! ❀

如厕训练	**进箱训练**

厕所是接下来每天都要上的，赶紧告诉它们厕所在哪里。

让它们能够进入狭小的空间。

不乱咬训练	**不乱叫训练**

要想它们以后不乱咬东西，现在就要开始训练。

任由它们乱叫的话，会打扰到邻居哦。

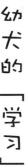

幼犬的「学习」机制

✖✖ 所谓的"条件反射"

　　"条件反射"听上去好像很难理解，但其实不然。比如"按指令坐下之后表扬它，并给它点心吃"或者"大小便做得很好，大大地表扬了它"之类的，就是"条件反射"，即通过重复"做了什么（大小便等）→会有好事发生（奖赏）"，可以让幼犬产生"还要这么做！"的想法。

　　如果能利用好这个机制，对于完全听不懂人类语言、不知该怎么做才好的幼犬来说，就可以逐渐教会它们"怎么做才会有好事发生"。

✖✖ 该如何教它们呢?

　　这个方法适用于教任何事情。比如让幼犬对"被抚摸→可以得到点心"这件事产生条件反射的话，它们会变得非常喜欢被抚摸。我们用这个方法，先从"被夸'真乖'→可以得到点心（参考下页）"这个条件反射开始吧。

　　条件反射利用得好的话，爱犬们会一边思考"我怎么做会比较好呢？""我做什么能得到表扬呢？"，一边行动。它们在做了主人希望的动作（比如坐下等）并得到奖励后，就会得出答案："这么做是可以的！"也就是说，条件反射就是幼犬的"学习"机制，也是它们所有行为的原因。

拿人做比喻

拿人做比喻的话，条件反射是这样的感觉。最重要的是，通过做些什么能够得到些报酬，让人产生"还要多做些"的想法。

1　因为工作比平时努力！

2　所以工资增加了一些！

3　好！明天我要更努力工作！

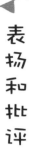

表扬和批评

✖✖ 犬类一被表扬就会摇尾巴

犬类一旦被夸"真乖！"，就会不停地摇尾巴，大家都有这种印象吧。这是因为它们知道"真乖"这个词是对它们的夸奖，但它们并不是从一开始就知道这个的。所以我们要从幼犬时期开始向它们传达"乖"这个字的意思。

我们来教它们"真乖"的意思

这些是给它们吃的点心，但不要让它们一下子吃下去。

在它们一边吃的时候，一边对它们说"真乖"，声音不用很大。

给幼犬一小把点心就可以了。用狗粮等比较柔软的东西当点心吧。

⚒ 也要教会它们什么是批评

批评和生气不同。对犬类的"批评"是指让它们安静下来或者制止它们不良行为时的指令。这和胡乱发怒、打它们是有本质区别的。

举个例子，如果幼犬在啃拖鞋，就要大声发出"不行！""NO！"等指令，等幼犬不咬了之后，再不动声色地把拖鞋收走。

主人
请打起精神！

表扬爱犬时主人的声音要开朗、充满元气哦！比起一脸无趣地说"乖"，开心地笑着说"真乖呀"更能把表扬的意思传达给爱犬，它们也更容易明白。

在它们吃点心的时候，用手轻轻抚摸它们的脑袋。注意不要用力抚摸。

这样它们就会对"真乖"这个词产生好的印象。

要说幼犬的训练，首当其冲的就是这一项了。对，说的就是如厕训练。不进行如厕训练，它们就会在房间里挑个自己喜欢的地方进行排泄。训练它们将来能够自己去厕所排泄是最理想的。

如厕训练的要点是"表扬"和"抓住排泄的时机"。幼犬的排泄是有大致时间段的。首先是起床后，此外，吃完饭、喝完水和玩耍之后都是排泄的时机。要利用这些时机带幼犬上厕所，督促它们排泄。如果它们能顺利排泄，就通过奖励零食来表扬它们。

如果教得好的话，犬类会自己上厕所。快的话两三天就学会了。让我们发挥好幼犬强大的学习能力吧。

如果可以将休息区域和如厕区域划分开的话，就可以将幼犬留在家里看家。从本质上来说，犬类是爱干净的，所以不会主动弄脏自己的住所。

✗✗ 不要因为排泄而发怒！

　　如厕训练中很重要的一点是不要发怒。比如对把尿撒在
地板上的幼犬发怒的话，它们有的会以为是"撒尿"这件事
本身惹怒了主人，从而导致它们再也不敢在主人面前撒尿了。
如果幼犬在地板上撒了尿，就把它们带到别的房间，再回去
不动声色地收拾掉吧。

▀ 如厕训练的方法 ▀

如厕训练其实就是跟幼犬比耐
心的过程。在它们排泄出来之
前一直等待就是基本的训练
方法。

1

将幼犬放入厕所笼子里，然后等待
5~10分钟，直到它们排泄出来为止。
这期间即使幼犬朝着你叫，也不要
把它放出来。

真乖啊！

3

一、二
一、二

幼犬排泄完成后，将它从笼子里放
出来并通过给予零食进行表扬。这
样来回几次后，幼犬就会对如厕这
件事情产生好印象，并养成习惯。

2

一旦发现它流露出想要排泄的表情，
就可以喊"一、二、一、二"来促使它
排泄。

✖✖ 太窄了？好可怜？

好像有不少人觉得将幼犬放入航空箱是件值得同情的事情。但事实上大小恰如其分的航空箱对幼犬来说，反而是个能安心居住的舒适场所。趁着还在幼犬阶段，让它们喜欢上航空箱，除方便移动和以防万一外，还能为它们创造一个安静放松的空间。

绝对不要把航空箱作为"惩罚"的工具。否则到了危急时刻，它们会因为讨厌箱子而怎么也不肯进去。

训练方法

1 首先将作为奖励的点心或者食物放在箱子里面。

2 幼犬有了获得奖励的目标就会进入箱子。按这样的顺序重复多次。

■ 紧急时刻是指? ■

发生地震或者火灾的话，大家不得不离开自家住宅出去避难。谁也不能保证这种事情不会轮到自己头上。很多避难场所是禁止犬类进入的，也有很多需要犬类待在航空箱里才能进入，或者是被关在航空箱里在车内待命的情况。做好进箱训练，就能应对这样的状况。

进便携包的训练

和进箱训练的感觉差不多，进便携包的训练也可以一起进行。如果让它们知道如何待在便携包里，那么外出的时候就很方便，也能把它们带进店里，好处多多哦。

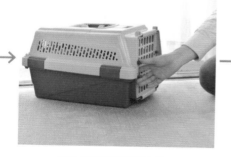

3　在幼犬能够顺畅地进入箱子后，关上箱门。作为关门奖励，试着把食物投进箱子里。

4　打开门，等幼犬一出来就给它奖励。

✖ 犬类本是爱叫的动物

对犬类来说，吠叫是非常自然的一件事情。但如果任由它们的话，会因为噪声等问题造成邻里矛盾。通过向幼犬传递"吠叫没有好处"的信息，培养出不乱叫的幼犬。

✖ 吠叫的原因是什么？

犬类吠叫一定是有原因的。通过了解犬类吠叫的原因，在爱犬吠叫的时候，首先确认它为什么而叫吧。

吠叫的原因如下图所示，五花八门。在把握当时状况和爱犬性格的条件下，思考一下它们是因为什么而叫的吧。训练它们不乱叫就从这里开始。

✖ 让它们不乱叫的基本处理

为了让幼犬不乱叫，首先对它们的叫声不要做出反应。如果对着它们说一声"不要叫"就能制止的话自然是最好的。如果持续对幼犬叫个不停做出反应的话，幼犬可能会觉得只要它们叫主人就会有反应！好开心！基本的处理方式是无视它们的叫声，待它们不叫了、冷静下来之后再去面对它们。另外，当幼犬在箱子里或者笼子里时，会通过吠叫表达对不能自由行动的不满。这种情况也请无视。这是和即将染上乱叫坏习惯的幼犬比忍耐力的时候。

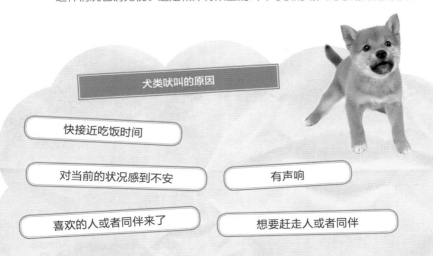

犬类吠叫的原因

快接近吃饭时间

对当前的状况感到不安　　　有声响

喜欢的人或者同伴来了　　　想要赶走人或者同伴

✕✕ 长大了会增加的门铃吠叫

很多主人都有过这样的体验：爱犬一听到门铃声或者玄关发出的声音就吠叫。为了让爱犬对这一类日常生活中的声音不做出反应，需要让它们适应这些声音（参考68页）。声音的适应训练要从幼犬时期就开始。用智能手机把门铃的声音、玄关的声音录下来，在房间里持续播放给它们听。只要这么做，就能降低它们对此类声音的抵抗。

■ 对吠叫这件事生气 ■　是没有意义的

与如厕训练相似，对着狂吠的爱犬生气是没有意义的。如果生气的样子不够狠，它们会误会主人是在声援自己；如果生气过头了，它们又会逐渐丧失对主人的信赖。要领是做到不生气，然后采取不同的措施来应对。

✕✕ 因恐惧而产生的吠叫

如果觉察到爱犬是因为害怕而吠叫的话，必须尽早采取措施，因为它们害怕的对象或者状况可能会对它们造成心理创伤。而且太过恐惧的话，它们会从吠叫发展到啃咬，甚至可能伤害到对方。帮它们缓解一下恐怖的情绪，或者带它们远离让它们害怕的对象为好。

在幼犬因为恐惧而吠叫或者啃咬之前，建议带它们去参加幼犬训练教室的"开心派对"。

不乱咬训练

✖✖ 实际上很能咬的"犬类"

犬类通过啃咬进行攻击是非常强有力的。除了下颚的咬合力很大之外，它们的牙齿也隐藏着巨大的破坏力。它们之所以不咬人，是因为它们仰慕主人或是因为和那些人保持着友好关系。可以说，保持这样的关系就是所谓的不乱咬训练。

✖✖ 幼犬的轻咬

与带有攻击性的啃咬不同，幼犬身上容易出现的问题是轻度啃咬行为。虽然我们不至于受伤，但肌肤光是被幼犬那尖锐的乳牙触碰到都会感到相当疼痛。幼犬是通过和妈妈及兄弟姐妹相处来学习如何控制力度进行啃咬的。但如果它们太早跟妈妈和兄弟姐妹分离的话，就有可能啃咬起来没个轻重，咬疼对方。

✕✕ 想要咬东西的欲望！

　　幼犬精力旺盛。对于这样的幼犬来说，跟兄弟姐妹一起相互啃咬是一种很好的游戏方式。但是很多时候幼犬并不是跟兄弟姐妹生活在一起的。这时，主人就该变身为它们玩啃咬游戏的对象。对于爱轻咬的幼犬来说，这种消耗它们能量的方法尤为重要。请用绳索或者咬了会有反应的玩具陪爱犬一起玩吧。很多例子显示，仅仅通过消耗能量，就能减少幼犬的轻咬次数。

✕✕ 不要让轻咬成为习惯

　　如果放任幼犬轻咬的话，它们会认为轻咬是件好玩的事，随着啃咬的力度越来越大，最终会导致对方受伤。对于经常轻咬的幼犬，请多陪它们一起玩。

　　另外，当我们被咬时大叫一声"好痛啊！"之后，幼犬通常会感到惊吓然后松开嘴。它们一松嘴就请不动声色地离开那里，不再跟它们一起玩。这样它们就会知道"咬了主人他就会不跟我玩"，从而减少它们轻咬的次数。

将啃咬需求转移到别的物体上

把幼犬想要轻咬的需求，通过用橡胶或者玩具跟它们一起玩耍，消耗它们多余的能量来转移掉。

1 轻咬人类的幼犬，其实是想玩啃咬游戏！

↓

2 将幼犬的这种需求转移到玩具身上，您也可能因此而少受伤。

⚡ 信赖关系和坐下

　　人类和犬类之间信赖关系的建立要通过一起做事才能完成。玩也好训练也好，无论做什么都可以，关键是要一起做。

　　大家都知道我们可以训练犬类坐下。即使你觉得这个训练很简单，也需要和幼犬共同完成。请将坐下、趴下和等一下等作为每天必做的游戏或者训练来进行，这么做一定会为您和爱犬创造一个美好的将来。

坐下

我的第一项训练！

比坐下要难一点……

趴下

朝着主人飞奔过去！

随便用什么姿势等都可以吗？

过来

等一下

坐下

大家一上来都会先教「坐下」吧！
在主人面前会不会乖乖地坐下呢？

训练坐下的方法

1 将幼犬带到自己面前，让它看到作为奖励的点心。

2 将作为奖励的点心从幼犬的鼻尖往后脑勺方向一点点地移动，诱导它坐下来。

3 当幼犬的臀部碰到地面的时候，对它说"坐下"，然后把点心奖励给它。

STEP UP!

进阶训练！

❶ 在主人面前坐下。

⬇

❷ 在主人旁边坐下。

⬇

❸ 在离主人有点距离的地方坐下。

⬇

❹ 在任何地方都能坐下！

趴下

比坐下要难一些的「趴下」。

不管怎样，先从教会它们把身体贴到地上开始吧。

1　这是教幼犬从主人腿下穿过的方法。用奖励品诱导它来到腿下方。

2　用奖励品一点点地诱导它放低臀部，直到肚子将要碰到地面。

STEP UP!

进阶训练!

❶ 在主人面前趴下。
↓
❷ 在主人旁边或者后面趴下。
↓
❸ 在离主人稍远的地方趴下。
↓
❹ 在任何地方都能趴下!

3　直到它的肚子完全贴到地面，这时对它说"趴下"，然后把奖励品给它。

想让它们等待的时候，并不一定要让它们坐着等。要训练它们站着也能等，趴着也能等。

训练等待的方法

1 让幼犬看到手掌，对着它大声喊"等一下"。

2 如果它能保持一小会儿姿势，就给予奖励。

等待

拍照的时候特别管用！用「等一下」来训练，让它们能够用不同姿势等待。

训练过来的方法

1 在离自己稍远的地方让幼犬"等着"或者让人拉着它，然后说"过来"，并让它看见奖励品。

把幼犬叫过来之后，如果对它们生气或者做让它们讨厌的事情，它们会变得不喜欢"过来"这个词，一定要注意。

2 等它来到自己跟前之后，给予奖励。

过来

当幼犬离开我们一段距离时，必须训练叫它们「过来」。让它们无论在房间的哪个角落都能被叫回来吧。

今天开始变身模特☆

如今用智能手机自带的摄像头拍摄下来的照片画质已经非常好了，直接打印出来也不会输给数码相机拍摄的照片，所以给爱犬拍照变得很常见。

然而，也有人因为拍得太投入而忽略了爱犬的感受，还有人因为爱犬在镜头前表现不好而训斥它们。这些情况都不少见。这样不用多久，爱犬就会变得讨厌拍照。

★拍照时的原则！

帮爱犬拍照时必须遵守的原则是"不生气"以及"不做爱犬不喜欢的事情"。在它们因为被惹恼而讨厌相机之前，一定要铭记在心的是拍照时不能对它们发火。另外，不要带

它们去不想去或者不想待的地方和场合。一味地考虑拍照的背景，强行
要求爱犬配合拍照，这是造成它们讨厌拍照的原因之一。

　　此外，为爱犬拍照时一定会大量使用"等待"口令，但千万不要在
远距离使用，因为这样可能会导致意外的发生。

★拍完照要给予奖励

　　每次顺利拍完照的时候，奖励点东西给爱犬吧。它们学会了等待和
配合拍照，一定要好好地奖赏它们哦！

如果爱犬对手机感到恐惧，就
需要在手机周围撒一些点心，
以便它们慢慢地适应手机。

用智能手机拍摄的照片一定要记得备份，
因为数据这东西不知道什么时候会消失。
珍贵的回忆就打印出来或者保存下来吧。

有兄弟真好！
两兄弟能够好好相处，
也是一种幸福啊！
两兄弟一起茁壮成长吧！

第6章

令人担心的幼犬疾病

幼犬如果表现得和平时不太一样，

这总是令人担心的。

因此，本书为大家制作了

一眼就能判断出病情严重程度的

《快速检查表》。

另外，为了让幼犬将来成长为健康的成年犬，

本章还介绍了一些现在就可以做起来的事情。

流鼻涕、流鼻血

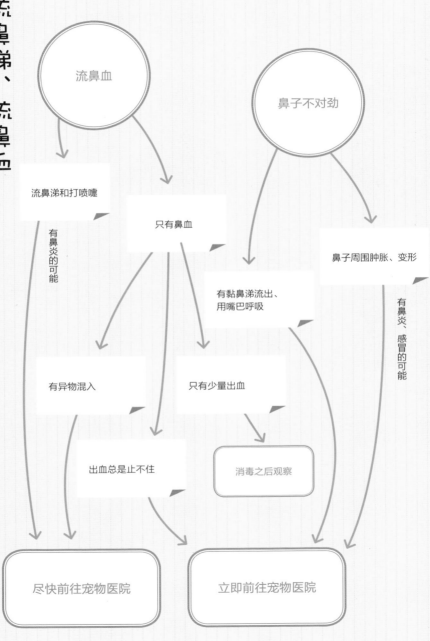

流鼻血

鼻子不对劲

流鼻涕和打喷嚏

只有鼻血

有鼻炎的可能

鼻子周围肿胀、变形

有黏鼻涕流出、
用嘴巴呼吸

有鼻炎、感冒的可能

有异物混入

只有少量出血

出血总是止不住

消毒之后观察

尽快前往宠物医院

立即前往宠物医院

常见的鼻子方面的疾病

与人类相比，犬类的呼吸器官更加强健。尽管如此，它们的鼻子是最容易看到的地方，所以稍有点儿变化都会引起注意。

鼻　炎　由病毒或者细菌感染引起。会导致流清水鼻涕，有时也会导致流脓鼻涕。爱犬会觉得不舒服，到处去擦鼻子，导致鼻子周围也被蹭到。如果症状像要持续几天，请到宠物医院用抗生素或者消炎药进行治疗。

副鼻腔炎　会一直流脓鼻涕。有时会并发结膜炎，形成泪痕和眼屎。这需要用药物或者雾化器等来进行治疗。

副鼻窦炎　慢性的流鼻涕症状。由于黏膜溃烂导致嗅觉变迟钝，还有最终造成食欲减退的例子。大部分是由副鼻腔炎慢性化引起的，因此副鼻腔炎阶段的及时治疗非常重要。根据病因有时需要进行外科的手术治疗。

■流鼻血了怎么办■

大部分情况下只要安静地等一会儿血就会止住。犬类基本上是用鼻子呼吸的，所以不能像人类那样用纸巾等塞住鼻孔，堵住鼻子的呼吸。如果观察了一阵，鼻子还流血不止的话，就要把它们带去宠物医院了。这时，为了能把正确的出血量和流血时间告知医生，一定要掌握好它们的状况。

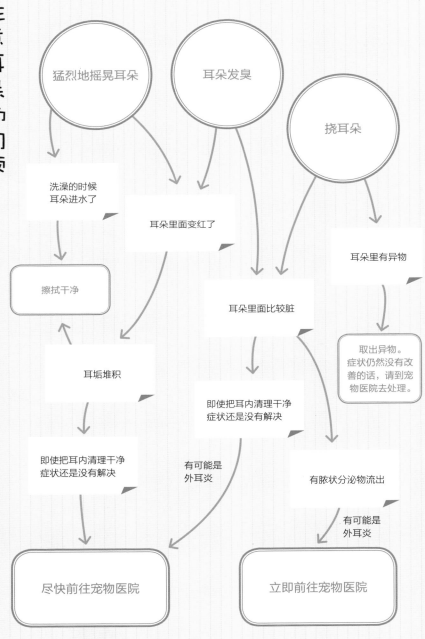

注意耳朵的问题

猛烈地摇晃耳朵

耳朵发臭

挠耳朵

洗澡的时候耳朵进水了

耳朵里面变红了

耳朵里有异物

擦拭干净

耳朵里面比较脏

取出异物。症状仍然没有改善的话，请到宠物医院去处理。

耳垢堆积

即使把耳内清理干净症状还是没有解决

即使把耳内清理干净症状还是没有解决

有可能是外耳炎

有脓状分泌物流出

有可能是外耳炎

尽快前往宠物医院

立即前往宠物医院

常见的耳朵方面的疾病

犬类比人类拥有更大的耳朵，因此它们能够听到细微的声音。如果疏于照顾的话，它们比人类更容易患上耳朵方面的疾病。耳朵引起的感染也较为常见，日常一定不要忘记耳朵的护理。

外耳炎

因为它们猛烈地摇头，从而会注意到它们异常的变化。这就是外耳炎。这时可以看到耳内变红或者散发出异臭。试着用毛巾或者棉签掏耳朵的话，会掏出茶色的耳垢。马拉色菌或者葡萄球菌感染是发病的主要原因，但也有因残留在耳内的水或者洗发剂引起发炎的情况。

耳疥癣

是由附着在外耳道里的疥癣虫（耳痒螨属）引起的一种外耳炎。疥癣虫通过寄生在皮肤上繁殖。如果是健康的成年犬一般没什么问题，但对幼犬来说有时会因为感染而引发外耳炎，所以不去靠近有壁虱寄生的犬也是预防措施之一。

中耳炎

是发生在比外耳更靠内的中耳里的炎症。因为会痛，所以幼犬会逐渐精神萎靡，厌恶被触碰到以耳朵为中心的头部四周。如果炎症蔓延到神经系统的话，有可能会引发面部神经失调、运动失调等重症疾病。

■ 耳朵的形状会影响生病? ■

大致来说，犬类的耳朵可以分为竖起来的"立耳"和垂下来的"垂耳"两大类。从耳朵内部不容易干燥这个角度来看，拥有"垂耳"的犬类更容易患耳朵方面的疾病。对于耳内毛比较多的犬类也要特别注意这方面的问题，可以经常帮它们清除耳内的毛。另外，对于过敏体质的犬类来说，细菌感染容易变得很严重。

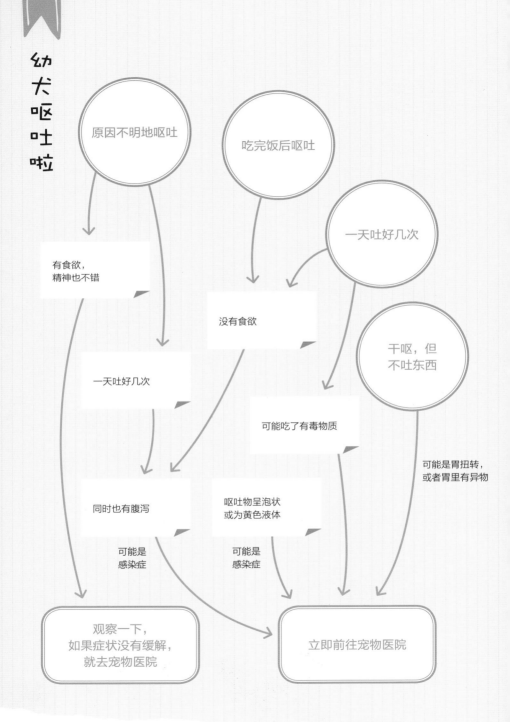

幼犬呕吐啦

原因不明地呕吐

吃完饭后呕吐

一天吐好几次

有食欲，精神也不错

没有食欲

干呕，但不吐东西

一天吐好几次

可能吃了有毒物质

可能是胃扭转，或者胃里有异物

同时也有腹泻

呕吐物呈泡状或为黄色液体

可能是感染症

可能是感染症

观察一下，如果症状没有缓解，就去宠物医院

立即前往宠物医院

常见的消化
器官的疾病

消化器官指的是位于口腔和肛门之间、吸收食物的营养并对其进行排泄的一系列器官。幼犬时期会发生很多令人担心的症状，比如腹泻、便秘什么的。

急性胃炎　　突然感到一阵恶心是急性胃炎的特征。吃进去的食物、胃液、黏液等所有胃里的东西都会被吐光。哪怕胃里没东西可吐了，幼犬也仍然保持同一种姿势，继续拼命地呕吐。主要原因是幼犬吃了不卫生的东西或是腐烂的食物，也有可能是得了犬瘟热或是感染了细小病毒。

肠梗阻　　肠道因为小石头或者橡胶之类等不能被消化的东西而被堵塞的状态。如果完全被堵住的话肯定会导致呕吐。如果没有完全堵住的话，有时不会引起呕吐，但肠内滞留的气体会导致腹部膨胀、食欲不振或是腹泻等。

感染症　　犬瘟热、犬舍咳等细菌感染也会引起腹泻或者呕吐等消化器官的疾病。一般会突然呕吐并伴随腹泻。此外，大多数情况下都同时伴有发热的症状。幼犬如果得了此类感染症，可能会危及生命，所以必须紧急送往宠物医院。

■ 我们身边容易引起中毒的食物 ■

很多食物对人类无害，对犬类却是有害的，其中最典型的就是巧克力。巧克力里蕴含的某些物质对犬类有害，被大量食用的话会危及它们的生命。大部分犬类都嗜好甜食，所以如果随意摆放的话，一不小心就会被它们吃掉。此外洋葱也会引起中毒。很少有犬类会大口吞食洋葱，但像汉堡包或者日式牛肉火锅那样隐藏着洋葱汤汁的食物也会引发洋葱中毒。除此之外，我们身边还有很多会威胁到犬类生命的东西，比如洗涤剂和化妆品等等。

便便有问题

腹泻

便秘

腹泻时带血

吃的东西有变化

在排便但排不出大便

大便偏硬

有精神
食欲也不错

大便里带血

恢复原来的饮食

有可能是寄生虫感染症

伴随着呕吐

有可能是寄生虫感染症

有可能是肠梗阻

大便像小石头一样

试着饿一两顿再看情况

观察两三天，
如果症状没有缓解，
就去宠物医院

立即前往宠物医院

注意饮食不要过量！

如果放任幼犬随便吃的话，它们就会吃个不停，进而导致饮食过量，屡屡出现呕吐、腹泻和便秘等症状。另外，如果环境突然改变或是感到什么压力的时候，犬类也可能像人类一样患上肠胃炎。如果只是腹泻但精神还不错的话，可以试着给它们断食一天左右，有可能因此就得以改善。如果断食之后大便的情况仍然不好，请带它们去宠物医院看看吧。

另一个不能让幼犬暴饮暴食的理由是怕它们成为"肥胖体质"。胖嘟嘟的幼犬固然惹人喜爱，但如果太胖的话，到成年犬的时候要瘦下来就难了。

肚子里的寄生虫

幼犬时期的严重腹泻或者肠梗阻等症状也可能是寄生虫引起的。幼犬容易感染的寄生虫有好几种，比如蛔虫、钩虫和球虫等。由寄生虫引起的腹泻来势凶猛，幼犬会因此一下子虚脱，有时大便里还会混有血迹。此时不作紧急处理的话，可能会危及生命。

■ 在地上蹭屁股，这是病吗？■

屁股感觉有点儿痒的时候，犬类会在地上扭来扭去地蹭屁股。屁股发痒的原因有几种，一般都是由脓一样的东西堆积在屁股内侧的"肛门腺"周围引起的，但这类东西并不会堆积太多，所以请为它们做臀部的检查。

✕✕ "刷牙"是件快乐的事！

咯嘣咯嘣、咯嘣咯嘣，津津有味地吃着干粮的幼犬们，真希望你们能一直拥有这口好牙，健康地成长下去。和人类一样，必须要维护好幼犬牙齿的健康，为此不可或缺的就是保持刷牙的习惯了。

为了能刷牙，就要使它们的口腔和牙齿能够随意被触碰。要养成这样的习惯，从迎来它们的第一天起，就要时不时地碰碰它们嘴巴周围，有时甚至可以打开它们的嘴巴触碰里面。

幼犬时期正是随便玩的时期，因此即使嘴巴被触碰它们也不会反感。就当跟它们玩游戏一样，多碰碰它们的嘴巴周围和里面吧。

✕✕ 不要忘记检查牙齿

幼犬习惯了刷牙之后，每次刷牙时主人可以顺便检查一下牙齿的状况。但与此同时，不要忘记还需要对它们的牙齿做进一步更加仔细的检查。乳牙的生长如果有问题的话，有可能会导致恒牙长不出来。犬类牙齿方面的毛病比我们想象的要多，比如双层牙（乳牙和恒牙长在同一个地方）等，这样的牙齿也会引起牙周病等各种疾病。

牙周病恶化之后需要拔牙，有时不得不进行全身麻醉。从小养成刷牙的习惯可以避免产生这类风险。

大部分犬类都不喜欢被强行张开嘴巴，但这样是没法好好刷牙的。如果它们从小习惯口腔的触碰，那么长大了就可以轻松地刷牙。

幼犬的营养管理

✕✕ 肥犬警告？

幼犬肥胖的原因是摄入了太多的卡路里！大家都会从交接幼犬的人那里问到幼犬的正确食量，之后严格按照这个量来喂食。但到了不得不改变食量的时候，相信大家也都会感到困惑，到底是不是该跟以前一样多呢？或者说身体长大了，食量还跟从前一样，这样可以吗？这种时候，狗粮包装袋是我们有力的武器。无论是哪种类型的食物，食品公司都会标上食物对应的卡路里，同时还有合适的量。需要注意的是给爱犬吃的点心。点心自然也有相应的卡路里，很多人不把点心的热量算进一天可以摄取的总量里边，这往往成了导致肥胖的原因。

养犬圈里有种共识，即幼犬时期的肥胖会跟随到成年。因此从幼犬时期开始就要让它们保持合适的体重。

✕✕ 营养平衡做到了吗？

最近很多食品厂家开始按照犬类生长的各个阶段来售卖食物。就是把食物按照幼犬时期成长需要的营养，以及老年犬时期需要的食物来进行分类。有的还根据犬种的不同进行了成分上的调整。这些食物应该可以让爱犬摄取到合适的营养成分。

也有人希望亲手做食物给爱犬吃。饱含了主人爱意的食物对幼犬来说是至高无上的幸福，但别忘了确认这些食物的做法是不是适合犬类食用。

经常听到有人说："蚊子是大敌！"被蚊子咬真的那么危险吗？其实被蚊子咬本身并没有什么问题，通过叮咬被感染上寄生虫才是问题所在。

犬类寄生虫的一种叫"丝虫（犬心丝虫）病"，它们是以犬类的心脏为最终栖息地的。它们的幼虫即微丝虫寄生在宿主——犬类的血管里。蚊子吸食被微丝虫寄生并成了感染源的犬类的血液。于是，这些血液里寄居的微丝虫从犬类的血管转移到了蚊子的身体里，并在那里完成蜕皮、逐渐长大。这只蚊子通过叮咬，将丝虫带给了健康犬，就这样一只接一只地感染扩散开来。

蚊子吸食感染了丝虫病的犬类的血液。

进入蚊子体内的微丝虫成长为感染幼虫。

感染幼虫来到蚊子嘴尖，开始感染下一只犬。

预防最重要

丝虫病分为急性和慢性两种。慢性的丝虫病可以通过服用驱虫药把寄生虫打掉。急性的丝虫病基本上都是危在旦夕的，需要通过紧急手术把丝虫取出来。我们再怎么小心也无法避免爱犬在散步途中被蚊子叮咬。由于丝虫病是可以通过药物进行预防的，所以在蚊子多的季节到来之前带爱犬去宠物医院一趟吧。

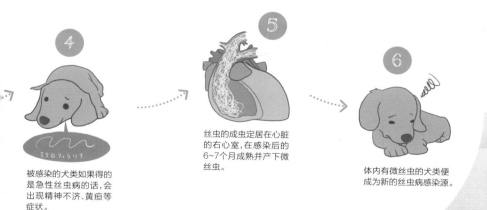

被感染的犬类如果得的是急性丝虫病的话，会出现精神不济、黄疸等症状。

丝虫的成虫定居在心脏的右心室，在感染后的6~7个月成熟并产下微丝虫。

体内有微丝虫的犬类便成为新的丝虫病感染源。

今后也请继续享受
跟爱犬一起生活的乐趣！

幼犬时期转瞬即逝，还在手忙脚乱地考虑着它们的生活和训练的时候，一年已经过去。爱犬成为成年犬的那一刻，意味着今后将和我们共同生活10年以上。我们可以做很多幼犬时期无法做到的有趣的事了，带它们到远方去散步、去犬类运动区跑一跑、一起在外面过夜，这些都很有意思吧。像这样，一定能和爱犬共同创造出大量的美好的回忆。

遗憾的是，光看本书并不能了解幼犬的全部。幼犬性格各异，相应地，处理方式、训练方式和生活方式各有不同。请大家以本书为契机，思考整理出"适合爱犬的养育方式"，而不只是机械地照搬本书内容。这个思考整理的过程也会成为大家和爱犬共同生活的乐趣之一呢。

　　衷心希望本书能够帮助大家与爱犬的共同生活更上一层楼。

图书在版编目(CIP)数据

幼犬养成记：图解新生狗狗养育宝典 / （日）爱犬之友编辑部编

著；牛莹莹译. —上海：上海世界图书出版公司, 2020.6

ISBN 978-7-5192-7133-6

Ⅰ. ①幼… Ⅱ. ①日…②牛… Ⅲ. ①犬–驯养 Ⅳ. ①S829.2

中国版本图书馆CIP数据核字(2019)第301908号

书　　名　幼犬养成记：图解新生狗狗养育宝典
　　　　　Youquan Yangcheng Ji: Tujie Xinsheng Gougou Yangyu Baodian
编　　著　[日]爱犬之友编辑部
译　　者　牛莹莹
责任编辑　苏　靖
出版发行　上海世界图书出版公司
地　　址　上海市广中路88号9-10楼
邮　　编　200083
网　　址　http://www.wpcsh.com
经　　销　新华书店
印　　刷　上海锦佳印刷有限公司
开　　本　890mm×1240mm　1/32
印　　张　4
字　　数　135千字
印　　数　1-5000
版权登记　图字09-2018-948号
版　　次　2020年6月第1版　2020年6月第1次印刷
书　　号　ISBN 978-7-5192-7133-6 / S · 20
定　　价　35.00元